检察官妈妈

写给女孩的安全书

穆莉萍 著

网络安全

北京理工大学出版社
BEIJING INSTITUTE OF TECHNOLOGY PRESS

版权专有　侵权必究

图书在版编目（CIP）数据

检察官妈妈写给女孩的安全书. 网络安全 / 穆莉萍著. -- 北京 : 北京理工大学出版社, 2024.9

ISBN 978-7-5763-3975-8

Ⅰ. ①检… Ⅱ. ①穆… Ⅲ. ①女性—安全教育—青少年读物 Ⅳ. ① X956-49

中国国家版本馆 CIP 数据核字（2024）第 093885 号

责任编辑：李慧智	文案编辑：李慧智
责任校对：王雅静	责任印制：施胜娟

出版发行 / 北京理工大学出版社有限责任公司
社　　址 / 北京市丰台区四合庄路 6 号
邮　　编 / 100070
电　　话 /（010）68944451（大众售后服务热线）
　　　　　（010）68912824（大众售后服务热线）
网　　址 / http：// www.bitpress.com.cn

版 印 次 / 2024 年 9 月第 1 版第 1 次印刷
印　　刷 / 唐山富达印务有限公司
开　　本 / 710 mm × 1000 mm　1 / 16
印　　张 / 11.25
字　　数 / 135 千字
定　　价 / 39.80 元

图书出现印装质量问题，请拨打售后服务热线，负责调换

愿每一位女孩都安全健康成长

青春期是美好的，安全健康地度过美好的青春期，我相信不仅仅是每个女孩的愿望，也是每个女孩父母的殷切期望。

安全对于成长的重要性我们都知道，但生活中涉及安全的因素或情形却是各种各样、纷繁复杂。当我们身处在这样的环境中时，如何判断现实是否具有危险性？如何能够尽可能有效地避免危险？如何能够尽可能有效地减少危害？如何在面临一些伤害时懂得运用有效的救助方法？

我是一名从事检察工作20多年的检察官，国家二级心理咨询师。在长期的检察办案工作中，接触到不少涉及未成年人的刑事案件，也因为检察官以及心理咨询师这两重身份，接触到许多涉及未成年人安全问题的民事、生活案例，了解到一些未成年人之所以会陷入危险，有时候是因为完全没有自我安全意识，有时候是因为安全方面的知识不足，有时候是自己把一些常识丢在脑后，有时候是因为心存侥幸……最终酿成自己不想要的后果。

安全问题在人生的每个阶段都存在，而女孩在成长过程中，除了男孩女孩共同需要掌握的一些安全防范知识之外，更需要了解和掌握一些针对女孩伤害的安全防范知识。

安全问题纷繁复杂，包罗万象，涉及面非常广，在这里我把涉及青春期成长中可能会遇到的安全健康问题重点分了五个类别：人身安全、心理健康、校园安全、社会安全、网络安全。

关于人身安全

人身安全涉及的情形比较多,有出门在外防盗防抢防拐卖的情况,也有专门针对女孩的一些人身伤害情形,等等。虽然有些伤害的发生概率可能并不是那么高,一旦发生,对女孩而言,就是百分之百的灾难,比如被拐卖、被传销组织非法拘禁等。还有一些人身伤害可能是我们主动进入危险环境而造成的,需要我们学习了解哪些场合、哪些情形对女孩造成人身伤害的风险特别高,从而提高我们避免风险的能力。我期待女孩看完《人身安全》分册之后能够明白,要保护好自身安全,首先是自己要做到遵纪守法,不做违法犯罪的事情,避免去一些高危场合;其次是在面对人身伤害时具有用法律武器保护自己和挽回损失的意识,并懂得有效求救的方法。

关于心理健康

身体健康很重要,心理健康和身体健康同样重要。我们在成长过程中会遇到各种挫折,可能是身体发育上的,可能学习上的,可能是同伴相处、家人相处方面的,也可能会是面临各种伤害、伤痛、离别、失去等等,这些必然会对我们心理健康成长造成影响。当我们懂得了一些心理学方面的正确知识,懂得照顾好自己的内心后,是可以把挫折和伤害事件变成我们成长的机会和源泉的。我期待女孩看完《心理健康》分册之后,可以收获一些心理学方面的正确知识,并在这些知识的指导下成长得更加健康和快乐。

关于校园安全

校园本来应该是一方净土，然而近年来仍有不少违法犯罪事件发生在校园，校园欺凌问题也时有发生，除了比较恶劣的肢体暴力欺凌之外，其他校园欺凌方式常常更具有隐蔽性，而这种"隐性伤害"特别是心理伤害是更加严重和深远的。另外，在校园中容易对女孩造成伤害的还有情感纠纷问题，等等。我期待女孩看完《校园安全》分册之后，除了自己不参与违法犯罪行为之外，还能够了解校园欺凌是什么，不当被欺凌者，更不做欺凌者。同时，学会如何预防发生在校园的故意伤害、意外事故伤害等。学会理性面对校园的情感纠纷，不伤害自己，不伤害他人，不被他人伤害。

关于社会安全

女孩踏入社会，因为现实的性别原因，在一些场景下，面临的伤害风险会更高，这些伤害除了会造成身体伤害，更严重的是可能会造成持久的心理伤害。不论处在什么样的生活和成长环境中，学会如何预防伤害事件的发生，特别是防范一些我们熟悉的日常场景中的伤害，应该是女孩在成长过程中的必修课。我在总结自己办理过的一些案件时，发现如果追溯到案件发生之前的某个节点，其实很多情形下都是可以避免伤害事件发生的。所以，掌握如何科学有效地预防伤害的知识，在面对伤害时，是能够更好地保护自己的。我期待女孩看完《社会安全》分册后，在针对女孩性别特殊伤害方面可以大幅提升自己的安全意识，并可以在现实社会中实现更加有效的自我保护。

检察官妈妈写给女孩的安全书

关于网络安全

随着科技的发展，网络渗透到生活的方方面面，和我们生活已经密不可分，随之而来的一个社会现实就是网络诈骗以及和网络相关的各种犯罪活动呈逐年上升趋势。也就是说，女孩在成长的过程中，在这方面可能遇到的安全风险也越来越高。但在很多时候，如果我们知道了某些套路、懂得了某些心理，是可以避免这些风险的。我期待女孩看完《网络安全》分册后，在网络常识、信息安全方面可以大幅提升自己的安全意识，在遇到网络交友、网络诈骗、网络色情时可以避免或大幅降低受到伤害的风险。

在这套书中我写了许多案例，这些案例全部是我办理过或接触到的现实生活中真实发生的案例，当然这些案例都做了一些必要的处理，不会涉及侵犯隐私问题。我希望利用自己的专业知识，从这些真实发生过的案例中总结出一些建议，能真正帮助到读过这套书的每一个女孩。

世界卫生组织定义的青春期是10～20岁，这套书虽然是针对青春期女孩的安全问题而写，但女孩的安全绝不只是青春期才应该重视，安全教育在女孩每个人生阶段都不可忽视。感谢我的女儿在成长过程中给予我的关于女孩该如何保护自己的方方面面的反馈，也感谢其他所有给予过帮助的人！

亲爱的女孩，假如你看完书有想分享的案例或疑虑可以给我发邮件沟通（446454606@qq.com）。希望这套书可以为每一个女孩的健康成长播下一颗安全意识的种子，然后让安全意识长成参天大树，呵护女孩们健康成长！

穆莉萍

2023年8月8日

女孩要懂的网络安全知识

1. 和人吵架了,我在论坛匿名发帖骂她,会有人知道吗? / 003

2. 表哥让我帮忙用改码器群发广告信息,可以吗? / 009

3. 表姐说直播很赚钱,我可以做直播吗? / 015

4. 和同学开个玩笑,在网上篡改一个信息,为什么就违法了? / 022

网络交友一定要谨慎小心

1. 交友软件上的陌生人和我很同频,可以交到真朋友吗? / 031

2. 网友约我见面,很纠结,要不要告诉妈妈? / 037

3. 男网友说邮寄一份礼物给我,该不该收? / 044

4. 偶像粉丝团约去某城市追星,去还是不去? / 050

5. 毕业旅行找不到同伴,网上的驴友团,怎么选更安全? / 056

第三章 色情防范篇

要懂得远离网络色情,别被骗

1. 拍私密照上传指定私密朋友可见,真的私密吗? _ 065
2. 同学邀请我参加蒙面睡衣直播聚会,有何风险? _ 071
3. 游戏小房间对着摄像头脱脱上衣就有金币拿,可以拍吗? / 078
4. 网上挂着一直想买的动漫服只要 10 元,要线下自取,有什么风险? / 084
5. 对游戏弹出的色情动图感到好奇,该不该点开? / 090

第四章 财物防诈篇

远离"诱饵",谨防被骗

1. 轻轻松松帮人刷个单就有提成,钱真的这么好赚? / 099
2. 压岁钱,钱生钱,入股就可以躺着赚钱,真有这好事吗? / 105
3. 网购客服要我提供账号验证码给对方才能退货退款,
   怎么辨真伪? / 112

4. 偶像粉丝群免费给粉丝发福利，真有这么好的事情？ / 119

5. 不需要提前付款，盲盒礼物快递到付，是怎么骗到钱的？ / 125

第五章 信息安全篇

学会保护个人信息

1. 同学说借我身份证注册一个账户，能借吗？ / 135

2. 一点开链接，马上就黑屏了，这是怎么回事呢？ / 141

3. 打开定位，就可以找到附近好朋友，风险在哪里？ / 147

4. 网站注册要采集人脸信息，我们该怎么做？ / 153

5. 网络购物，支付账号安全守则有哪些？ / 159

第一章 常识篇

女孩要懂的网络安全知识

和人吵架了,我在论坛匿名发帖骂她,会有人知道吗?

女孩的小心思

前几天在学校和一个同学吵架,她骂我是头肥猪,明明她长得比我还胖,反过来还和其他几个同学来嘲笑我,太气人了!我要将她的照片修成一头猪,配上文字"这头猪就爱和谁谁一起吃臭屁",放到网上论坛好好骂一骂,出出气,反正网上匿名发表,谁也不知道是我。唉,图修好了,又莫名有点害怕和担心,怎么办呢?

亲爱的女孩,被人骂确实让人生气,被人攻击、诋毁也确实让人很愤怒。同样的事情发生在谁头上,都会生气的。

当你认为在网上匿名发图发文字攻击、诋毁对方就没有人知道,准备以这样的方式把自己的愤怒发泄出去的时候,突然冒出点莫名的害怕和担心,这是值得庆幸的!

就在你犹豫的此刻,先听检察官妈妈讲个案例吧,或许你会有不同的认识。

小蓝(化名,女,16岁)因为感情纠纷和自己前男友的女朋友小梅(化名,15岁)产生了矛盾。某日,小蓝和小梅见面,发生了口角,双方互相辱骂,随后小蓝被对方多人欺负,正吵得不可开交的时候被人劝开了。

事后小蓝觉得自己很吃亏,吵架时对方是三四个人欺负自己一个人,衣服也被撕破了,好在当时穿了小背心,不然衣服就被撕得露点了。小蓝越想越气,想着如何报复一下小梅,但面对面报复又害怕她们人多,于是她想到了上网匿名发帖辱骂搞臭对方的方法。小蓝认为上网匿名发帖,谁也不认识自己,假如小梅怀疑,自己可以打死不认,她无凭无据也没辙。

第一章 常识篇 | 女孩要懂的网络安全知识

　　于是小蓝购买了不同的手机卡，利用新号码发，然后又去不同网吧，找到小梅活动的一些网络圈子，编辑了一些关于小梅的侮辱性话语，并对小梅的头像进行修图，合成了几张色情图片，匿名发到了网上。

　　这个事件对小梅的生活造成了很大困扰和影响，随后小梅在父母陪同下，到公安机关报了案。公安机关经过网络技术侦查，查到这些都是小蓝做的。小蓝刚被找到的时候，还打算矢口否认，后来在公安机关出示的证据面前，终于承认了自己的所作所为。最后，小蓝被处以行政拘留10天和罚款的处罚，还被小梅以及小梅父母起诉赔偿精神损失。

　　小蓝只想报复一下小梅，泄泄气，没想到会造成这么大影响，等到自己受到惩罚的时候，才感到后悔。

　　这个案件中，小蓝错误地认为只要自己在网上匿名发表言论，就没有人会知道是自己发表的，自己也不用负责任，所以随便乱发了一些没有根据和伪造的图文，但没想到还是被查出来了。

　　网络世界确实拥有海量的信息，在这海量信息之中，我们的言行可以完美地被隐藏起来吗？我们在生活中都会遇到让自己气愤、恼火的事情，遇到这类事情，可以去网上发泄吗？

第一章 常识篇 | 女孩要懂的网络安全知识

检察官妈妈支招

现实生活中我们处理矛盾，都需要遵守一个大前提，那就是依法守法。大家在现实生活中遇到和他人的冲突时，比较容易做出理性的判断，如果自己处于危险或弱势的时候，会暂时回避以保障安全。

然而在网络世界里，会让人有一种错觉，误以为隔着屏幕，自己就是隐身，没有人直接看到自己打字、发图、说话，就代表自己的行为是无法查出的，以为自己做的事情不会被对方或者其他人知晓，往往会产生侥幸的心理。

这些错误的认识会让人做出错误判断，继而做出错误的行为，网络会把此类行为的影响和边际范围扩大，若等到出现比较严重的后果时才后悔，为时已晚。

在上面的案例中，小蓝就有"上网匿名发，谁也不认识自己，假如小梅怀疑，自己也可以打死不认，她无凭无据也没辙"这样错误的认识。小蓝为了报复，上网匿名发对方的虚假合成图片造谣生事，以为这样就可以报复到对方，然后自己又可以不被发现，但事实并非如此。

在这里需要纠正几个错误的认知：

第一，网络不是法外之地，网络上的一切言行一样是受到我们国家法律法规的约束的。在现实生活中与他

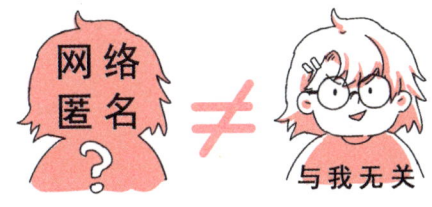

人发生矛盾后，利用网络发帖的方式伤害他人，一样要受到法律约束。

第二，网络世界是数据世界，数据世界一个最大的特点就是所有操作都留有痕迹。也就是说，你在网络上的言行是可以通过数据反映出来的，而数据通过合法侦查手段提取，就是事实证据。一个伤害事件假如发生在网络上，当事人报案后，公安机关同样会按司法程序立案，然后一样可以用合法的网络技术侦查手段收集证据。

第三，在现实社会中伤害他人的言行需要负责任，在网络世界中伤害他人的言行同样需要负责任。有的情况可能需要承担经济赔偿责任，有的情况可能会被治安拘留，更严重的情况假如构成犯罪，那就需要承担刑事责任了。所谓"法网恢恢，疏而不漏"，在网络世界里，我们所有的言行都以数据的形式被留存，不要心存侥幸不会被人发现。

在网络生活中，我们所有的行为，都需要遵守一个大前提，那就是同样要依法守法。

2

表哥让我帮忙用改码器群发广告信息，可以吗？

女孩的小心思

初中毕业后的暑假没啥事情做，想去打一份暑期工。表哥知道后说他搞了一个信息公司正缺人手，要我去帮忙，工作很简单，干完一个月给我3000元。

第二天去上班，表哥教我用电脑连接一个黑盒子（表哥说是改码器）群发已经编辑好的广告信息，操作很简单，就是不停按照表格里的电话发信息就可以了。后来我发现这些广告信息和我们学校上道法课时，老师让我们注意识别的垃圾诈骗信息差不多，心底有点犯嘀咕：表哥是否在做违法的事情？要不要告诉父母呢？

亲爱的女孩，首先表扬你有良好的辨别能力，能够看出表哥让自己帮忙群发的信息和之前道法课上所讲的诈骗信息类似，并提高警觉。

我曾经办理过一起团伙网络诈骗案件，整个网络诈骗团伙分工明确，大团伙下面分小团伙，分工不同，各个小团伙分属于不同地方，都是单线和主犯联系。

在我办理的这个案件中，有两个未满18周岁的未成年女孩，一个16岁还是在校学生，打暑期工；一个17岁，已辍学。她们是通过老乡的介绍去工作的。具体工作就是利用改码器，把发信息的电话号码换成固定号码，每日发送诈骗信息多达五百多条，负责接听回复电话的则是团伙中的另外一些人。工作两个星期之后，两个人都已经意识到这是一个诈骗团伙，想半途辞职，但不甘心高额工资没有拿到，于是继续做着。

一直到公安机关破案收网被抓获之日，16岁女孩工作十几天，共发送诈骗信息一万多条；17岁女孩工作二十几天，发送信息两万多条。

| 第一章 常识篇 | 女孩要懂的网络安全知识

这个时候，亲爱的女孩，你是否很奇怪，她们两个人还没有拿到工资，也没有直接诈骗他人钱财，只是参与发诈骗信息，为什么会因为涉嫌诈骗罪被抓呢？

构成诈骗罪的第一个条件，两名女孩都已经年满16周岁，根据《中华人民共和国刑法》相关规定，应该负刑事责任。

构成诈骗罪的第二个条件，两名女孩都意识到自己所发的信息是诈骗信息，但依然继续参与，也就是说她们已经是诈骗团伙的一部分了，构成了共同犯罪。

相关法律条文规定

1.《中华人民共和国刑法》第十七条规定："已满十六周岁的人犯罪，应该负刑事责任。"

2.最高人民法院、最高人民检察院、公安部联合发布的司法解释《关于办理电信网络诈骗等刑事案件适用法律若干问题的意见》（法发〔2016〕32号）规定："发送诈骗信息五千条以上的，或者拨打诈骗电话五百人次以上的，以诈骗罪（未遂）定罪处罚。"

两个女孩都是很愿意自食其力的女孩，但在找工作中，没有明辨是非，误入非法事件中，一时贪恋高额报酬，没有及时抽身离开，最后让自己身陷囹圄，非常可惜。

这个时候，如果你对自己所做的事情有一定警觉了，那下一步该怎么处理呢？

亲爱的女孩，自食其力找工作是一件好事，但选择的必须是力所能及、合法合规的工作，而且在这个过程中需要擦亮我们的眼睛，避免自己掉入大坑中。

首先，使用改码器来群发信息这件事，我们姑且先不下结论这些信息下一步就是用于诈骗，是涉嫌犯罪的事情，仅仅群发垃圾广告也是违反《中华人民共和国广告法》相关规定的，会被处以相应的行政处罚。

其次，你发现这些广告信息和你们学校上道法课时老师让你们注意识别的垃圾诈骗信息差不多，也就是说你已经意识到这些信息可能是用于下一步诈骗活动的。这个时候，假如你

还继续参与其中，一旦整个事件案发被查实是诈骗活动，你的行为也就构成了共同犯罪的一部分，同样涉嫌诈骗罪。

再次，当你内心犯嘀咕的时候，第一个选择，我建议你先告诉父母或者你信任的其他成年人有关你的怀疑和发现，听听他们的意见。然后你也可以向对方（表哥）直接询问。假如对方如实相告是为了诈骗或帮助他人诈骗，并提出提高报酬等条件诱惑你继续参与的时候，请一定要拒绝。假如对方含糊其词或者撒谎掩盖，大概率也是在做违法犯罪的事情，这个时候请你一定要离开。

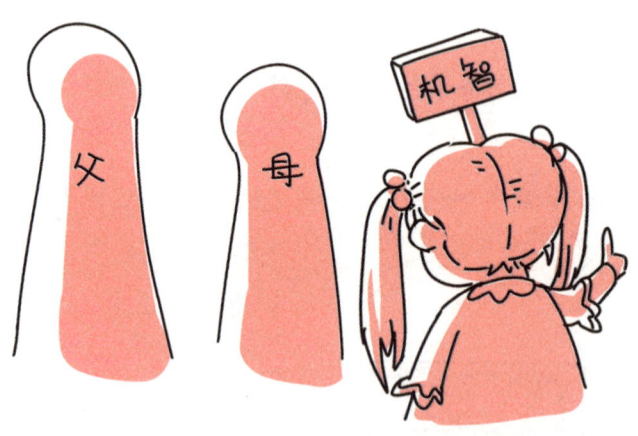

当我们还没有能力直接阻止他人做违法犯罪的事情时，起码做到我们自己不参与，安全离开。离开之后，我们可以选择把自己的疑惑和发现告诉自己的父母或者其他可以信任的成年人，寻求他们的帮助。

3

表姐说直播很赚钱，我可以做直播吗？

女孩的小心思

表姐从公司辞职后在家做直播，都快两年了。她说直播很赚钱，打赏、带货一个月都有上万的收入，有时候人多流量好收入更可观。不过她说最近这两个月没啥流量，来她直播间的人比较少，因为直播间的表演和话术没什么新意了。表姐知道我舞蹈课刚刚考了级，邀请我去她直播间表演和做童装模特直播，说每天的收入分一半给我。哎，上次妈妈不肯给我买新iPad，表姐说我去给她帮忙一两个星期就可以有钱买了，但不知道妈妈是否同意，怎么办呢？

直播是一个新兴行业,一些网红主播带货赚钱不少,吸引了许多年轻人去做直播。直播也逐渐从无序到有序发展,可以说很多直播的主播都是在认真工作,合法赚钱。

但在直播网络平台上,也有一些主播在直播的时候,会用到一些不合常规或者不合法的方式来吸引人的眼球,博取更多流量,这样做短期利益似乎马上可见,但不可持续,也不合法,随时可能被查处、被封号,如果造成一些损害后果,情节严重的是需要负法律责任的。

想要做直播,必须先了解我国法律法规对直播有哪些规定,假如只是凭着感觉去做了,可能会得不偿失。

听一个美食博主分享了一个朋友的事情。他的朋友阿楚对美食很感兴趣,也很有研究,刚开始只是单纯在平台分享自己制作的一些美食,配上孩子吃着很香的视频小片段,没想到得到很多点赞和评论。于是她对美食制作更加兴致勃勃,加上每次孩子胖墩墩贪吃美食的样子,很可爱,为她的账号圈了不少粉丝。

阿楚很努力做了半年,粉丝都积累到好几万了,有些广告

第一章 常识篇 | 女孩要懂的网络安全知识

　　和合作找上来,于是她开始直播带货。阿楚原本是一个家庭主妇,也开始利用自己的兴趣赚钱,尝试直播做菜和吃饭。假如没有后来发生的事情,这还算是一个挺励志的故事。

　　后来阿楚发现,每次她7岁儿子狼吞虎咽吃饭一起直播的时候,流量都特别好,带货数据也非常不错,于是她开始专门做美食,让她儿子边吃边直播边带货。

　　原本她儿子胖墩墩的,加上没有节制地在直播时吃东西,一段时间后,体重严重超标。医生已经警告她,为了孩子的健康,不可以让他吃那么多,但她为了赚钱和直播数据,还是选择了继续直播儿子吃饭。后来阿楚发现有很多人做起了类似的小朋友"吃播",竞争激烈,为了博取眼球,便开始做其他非常规的食物让儿子吃,随后被观众举报了。平台封杀了阿楚经营了近两年的账号,导致阿楚需要赔偿合作方的钱,损失惨重。

　　随后网警对网络平台这一类小朋友"吃播"账号进行了一次全面清理封杀。那封杀的法律依据是什么呢?

相关法律条文规定

★ ★ ★

1. 根据新颁布的《网络直播营销管理办法（试行）》第三条相关规定，从事网络直播营销活动，应当遵守法律法规，遵循公序良俗，遵守商业道德，坚持正确导向，弘扬社会主义核心价值观，营造良好网络生态。

2. 根据我国《网络信息内容生态治理规定》第七条第八款的规定，可能引发未成年人模仿的不安全行为和违反社会公德的行为，诱导未成年人不良嗜好等的网络信息内容是被禁止的。

我讲这个例子，是想说明一点，直播是新兴行业，但同样受到我国法律法规的规范，直播赚钱必须合法合规。你是未成年人，表姐邀请你参与直播做童装模特，首先也要看看我国的相关法律是怎么规定的，这样做是否合法。

网络提供各种各样的直播平台,直播是一种工具,一种方式,合法利用直播赚钱是一种商业行为,而我国法律规定从事商业相关民事行为必须是具有完全民事行为能力的人。做出这样的限制,一方面是为了保障商业行为的正常运行,另外一方面是为了更好地保护未成年人的健康成长,以保障未成年人最大可能实现接受教育的权利。

未成年人在学习成长过程中,可以通过做一些力所能及的事情,赚取一定报酬,但大前提是合法。

相关法律条文规定

★★★

《网络直播营销管理办法(试行)》第十七条明确规定,直播营销人员或者直播间运营者为自然人的,应当年满十六周岁;十六周岁以上的未成年人申请成为直播营销人员或者直播间运营者的,应该经过监护人同意。

这个规定是什么意思呢?也就是说你如果没有年满十六周岁,是不可以参与各种直播运营的。

网络上存在一些父母让未成年孩子做直播运营的现象,但并不代表这些行为就是合法的,并且网络平台也在积极查处这一类违法行为,查封这些相关账号。

假如你已经年满 16 周岁还未满 18 周岁,可以参与直播营销活动,但也必须经过你的父母同意。也就是说,如果你想瞒着父母偷偷参加表姐的直播运营活动赚点报酬,也是不合法的行为。

这个时候,希望你告诉你的表姐,你不能去她直播间做童装模特,假如你参与表姐的直播,做童装模特,就会触犯我国相关法律法规,你表姐经营近两年的直播间会面临被查封的风险,那就得不偿失了。

我国直接规范相关直播活动的法律、法规有《中华人民共和国网络安全法》《中华人民共和国电子商务法》《中华人民共和国反不正当竞争法》《网络信息内容生态治理规定》《网络直播营销管理办法(试行)》等。

上述法律法规,我们都必须遵守。

和同学开个玩笑，在网上篡改一个信息，为什么就违法了？

女孩的小心思

我的一个好朋友喜欢计算机，平时同学们都知道他挺厉害，有什么问题也喜欢问他，他偶尔也会显摆显摆。有一次他和同学打赌，利用上计算机课的机会，黑进学校内部网站的数据库，把班上学生的花名册改了，每个人名字前面都加上了外号。后来，学校花名册打印出来闹了很大笑话，学校报案到公安机关，公安机关经过技术侦查，查到了是这个同学做的。学校对这位同学予以处分，除了让他在全校同学面前做检讨之外，还给了留校察看的处理，差一点就给开除了。

这件事我很费解，朋友只是和同学开个玩笑，黑到学校网站，篡改一个信息，也没造成什么特别严重的后果，不知道为什么学校对他处分这么重？公安机关还说他违法了，到底为什么呢？

亲爱的女孩，我理解你的疑惑，在你们看来，这最多是一个玩笑开得有点过火的事情，同学本身没有恶意，也没篡改什么重要数据，最后也没有造成严重后果，觉得这件事情的处理太重了。

恰恰是这一点，正是我想要讲的——玩笑开过火也是需要负责任的。

你的好朋友不是正常登录学校网站，也不是受委托修改有关数据，他使用的是非法侵入手段，也就是我们常说的"黑客"手段。在这一点上，他首先就违法了。

曾经有这么一个非法侵入计算机信息系统的刑事案例。张某参加一个招工考试，后来听QQ好友李某介绍，说可以通过某种渠道进入这个招录考试系统查阅，张某考完试后有点着急也有点好奇，想提前看看自己的考试成绩，于是花100元的价钱向李某购买了一个非法链接，然后通过这个非法链接黑进了这个系统，提前查阅了自己本人的考试成绩。后来这个非法查阅信息记录被工作人员发现并报案，公安机关经过技术侦查，抓获了张某。张某对自己的非法行为供认不讳，并被判处有期徒刑6个月，而李某在逃。

　　张某因为一时好奇，购买非法链接侵入国家的某招录考试系统查阅，其行为已经是触犯了《中华人民共和国刑法》第二百八十五条规定。

　　最后张某因其行为因为已构成非法侵入计算机信息系统罪，被判处有期徒刑六个月。

附

相关法律条文规定

★ ★ ★

　　根据《中华人民共和国刑法》第二百八十五条规定，违反国家规定，侵入国家事务、国防建设、尖端科学技术领域的计算机信息系统的，处三年以下有期徒刑或者拘役。

　　这个时候相信你应该明白了，你好朋友的行为也是非法侵入计算机信息系统，万幸的是，它不属于"国家事务、国防建设、尖端科学技术领域的"计算机信息系统，不然，他的行为就不仅仅是违法行为，而是构成犯罪了。

　　那么，我们学习使用计算机该遵守哪些底线呢？

检察官妈妈支招

首先，我们要明白，我们的生活与网络、计算机息息相关，熟练使用计算机是一项必备技能。 当我们掌握了某项技能的时候，在使用过程中，必须要懂得，计算机、网络也是有权属的，不可以在没有得到允许的情况下，随便进入他人的计算机或网络后台。这就好比是某个人掌握了比较复杂的开锁技能，但他也不能没经过主人同意就随便去开别人家门的锁，因为我们住宅安全受到法律保护。

其次，计算机信息系统安全同样也受到国家法律保护。 我们日常所见实物计算机等设备、网络以及储存在计算机和网络里的数据等，这些都是有权属的，没有正规授权都不可以随便侵入。

如果非法侵入、破坏了属于"国家事务、国防建设、尖端科学技术领域"这些国家重要领域和要害部门的计算机信息系统，那肯定是要负刑事责任的。

如果非法侵入、破坏的属于个人、普通单位计算机信息系统，那也是需要承担相应的民事责任或者行政责任，如经济赔偿、行政拘留、罚款等。

再次，我们平时在使用网络和计算机的过程中，不论是出于什么样的动机和起因，都要遵守法律的相关规定。 而在我们不明白相关法律规定之前，可以用我们在现实生活中的常理、常规想一想，假如还不确定那就请教一下其他人，不要因为一时意气而做出让自己后悔的事情。

第二章
交友篇

网络交友
一定要谨慎小心

交友软件上的陌生人和我很同频，可以交到真朋友吗？

女孩的小心思

父母为了让我有更好的学习环境，想办法帮我转学了。到了新学校，虽然环境很好，但我没有朋友，这段时间觉得很郁闷。

前几天上网下载了一个交友软件，认识了一个异性朋友，虽然我们刚认识不久，但我觉得像认识很久一样，他非常懂我，我们爱好的颜色、喜欢的漫画、喜欢的明星等都一样，完全同频，真是觉得三生有幸，感觉交到真正的知心朋友了。

于是我和堂姐讲了这件事情，但她却给我泼了一盆冷水，提醒我小心上当受骗。哎，感觉找到一个这么同频的朋友不容易，怎么可能会是骗子？

我们在成长的过程中需要朋友，能够找到同频的朋友是一件很开心的事情。

交友软件作为一个工具，确实拓宽了我们与人交往的范围。不过既然是一个软件工具，那也就是说谁都可以利用的。一句大白话，好人会用，坏人也会用。

现实生活中，坏人带着不可告人的目的，往往更擅于利用交友软件这样的工具，所以我们在通过交友软件结交朋友的时候，要更加慎重。你堂姐对你的提醒并不是没有道理。

我在工作中曾经接触过被网络诈骗了钱财的被害人，这是一起系列网络诈骗案，被害人多是女性，人数很多，分布在全国各个不同的地方。

案件的套路基本都一样，先通过网络社交方式认识，联系，沟通感情。交往过程基本上有这么几个特征：首先对方会嘘寒问暖，特别在乎被害人所讲的事情，被害人基本上都认为对方体贴，非常懂自己。继续交往，发现对方和自己很多爱好、观点都非常契合同频，从而产生了一种相见恨晚的感觉。

在获取被害人好感和信任后，对方邀约被害人进入一个博

| 第二章 交友篇 | 网络交友一定要谨慎小心

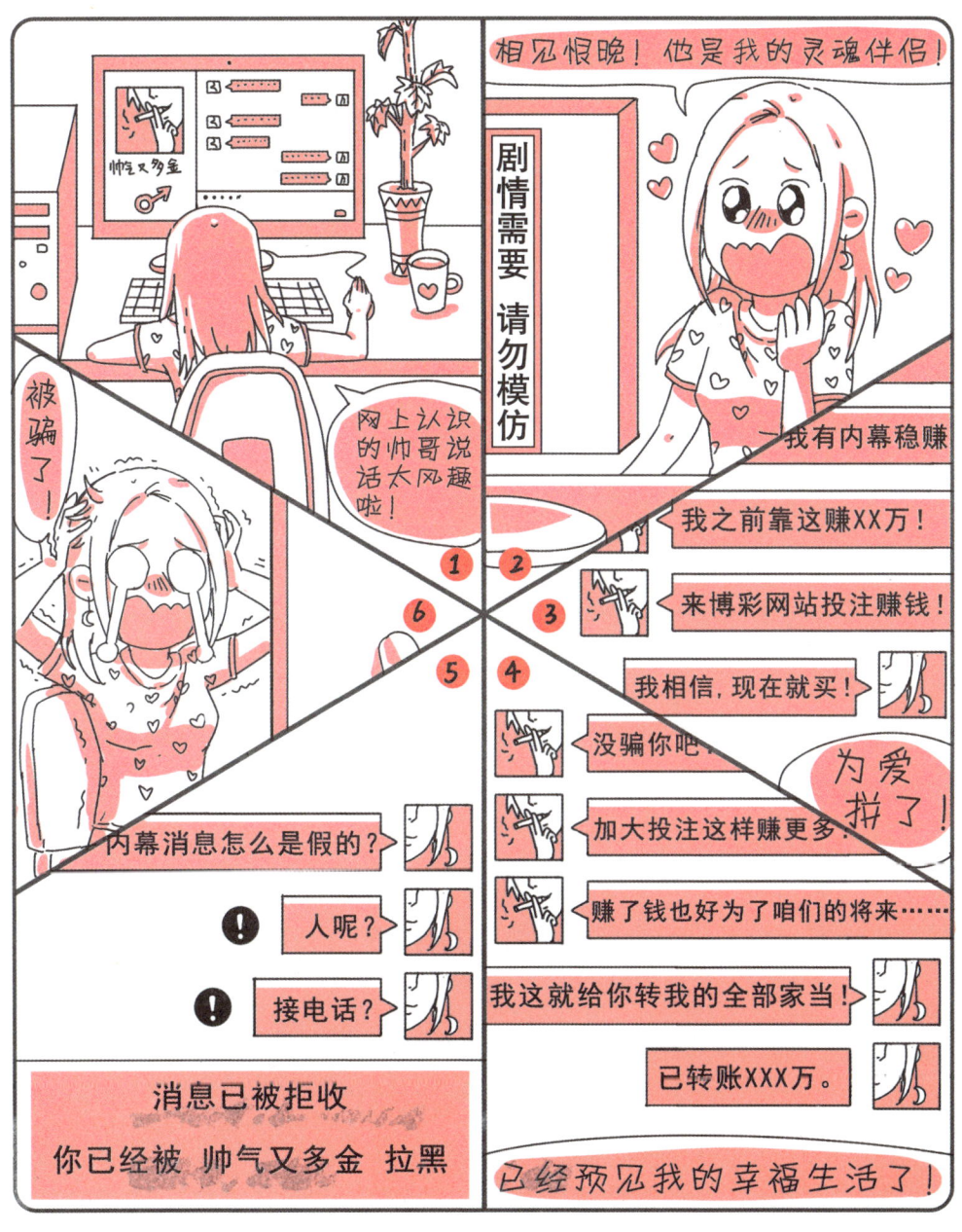

彩网站，一起投注赚钱，并且会故意透露一些所谓内幕消息，让被害人赚一些小钱建立信任。经过一段时间后就诱骗被害人加大投注，一旦加大投注，被害人转账后，账号则会显示亏损，然后继续引诱被害人投注，之后又是亏损。

当被害人以对方提供假内幕消息责问对方时，犯罪嫌疑人就失踪了，电话打不通了，网络联系方式也被删除或拉黑了，这个时候，被害人才明白自己被骗了。

多数被害人选择私自联系对方（实际诈骗分子），因为涉及网络赌博问题，被害人本身也涉及违法事项，所以很多被害人反倒没有选择第一时间直接报案。也正因为这样，犯罪分子往往有恃无恐。

你可能会觉得，那些被害人遇到了坏人，不代表我认识的就是坏人啊，难道要一棍子打死全部的网络交友行为？

检察官妈妈支招

首先，我们需要明白，在网络世界里，人们很容易就能隐藏不想让对方知晓的信息，比如样貌、身高、年龄、身份等。 想要从网络上了解这些基本信息的真实性都具有相当的难度，更何况是了解其他情况？

如果是在现实生活中接触，我们很容易就能了解彼此的这些基本信息。了解彼此，是我们交到真正朋友的前提，而仅仅依靠网络并不能满足这样的一个前提，这也是我们在通过网络交友时需要谨慎的第一个原因。

其次，网络沟通有一定的局限性，深入了解需要的时间比现实生活中更长。 良好的默契同频，是需要长时间磨合、相互包容才能达到的境界。你和对方生活在不同的地方，即使有相同的爱好、兴趣，要

达到真实的默契同频，肯定不是几次网络聊天就可以达到的，很有可能是对方制造的错觉，这点和我办理的案件的情形类似。

最后，网络上莫名的好感要提高警惕。通过网络交友软件认识的陌生人，一开始就让你有"完全同频、三生有幸、相见恨晚"的感觉，大概率是对方隐藏了自己的别有用心，需要提高警惕，保持谨慎，特别注意不要向对方透露涉及自己人身安全、钱财等方面的信息，让网络交友保持在网络兴趣爱好的交流范围之内就好。

网友约我见面,很纠结, 要不要告诉妈妈?

初中一年级放暑假认识了一个网友,和他很聊得来,早两天他约我见面,自己心里很好奇,于是答应和他见面了。现在想想又有点忐忑,想起有报道说过女孩见网友被骗的情况。这件事要不要告诉妈妈呢?

亲爱的女孩，你有这样的疑惑和忐忑，说明你有很好的警觉意识，值得表扬。

我们不能完全否定可以通过网络交到真诚的好朋友，但对结交网友存在的危险性也不可不防，因为居心不良的人额头上没有刻上"坏人"两个字，隔着网络更容易助长欺骗性。

我所经历的案件中，就曾有过一个13岁的女孩被男网友欺骗，见面后发生让人痛心事情的案件。先听我讲讲这个案例，或许对你决定是否和网友见面有点启发。

13岁的小女孩小红（化名）住在H市，小学毕业那年夏天，考完试后没什么事情做，经常在家上网、听歌，追她的偶像歌星谢某某。放假期间，小红心情特郁闷，因为本来小红父母答应她，考试成绩达到父母要求就给她买手机。谁知道，考试成绩是达到要求了，手机也买了，不过是买了一部老人机，不能上网的那种，所以小红很不开心。

闷在家里上网，一名男性主动加她QQ好友，因为要求加好友的这名男性和她在同一个粉丝群，小红没多想就加了好友。这名男性张三（化名）假称自己18岁（实际28岁），因为有共同

| 第二章 交友篇 | 网络交友一定要谨慎小心

喜欢的歌星，很快和无聊的小红频繁聊天，并在和小红聊天过程中，细心体贴，好心安慰小红，一来二往，取得了小红的信任。

之后，张三假称一个粉丝聚会的机会，约小红去Y市见面。小红没有告诉父母实情是去见网友，因为她觉得父母不会同意让自己去的，于是就编了个谎言，同学搞活动，只说去同学那里，第二天就回家。

小红冲动之下去另外一个城市见到了张三，当晚张三带小红住旅馆，并趁机拿走了她的身份证和手机。在陌生的城市，张三控制了小红的人身自由。

这是一个令人痛心的案例，小红是有许多机会可以避免发生这样的后果的，但是她错过了。

网上交友，随着感情加深，发展到现实见面，在生活中常常见到。作为女孩，接到网友特别是男网友线下见面的邀请，要不要同意见面呢？

我给出的第一个建议是，作为未成年女孩和网友见面，风险大且不可控，尽量不要线下见面，让网友间的情感交流仅限于网络上。

但有时候又确实会发生网友线下约见的情况，那我们该如何避免在线下约见中被伤害的风险呢？

虽然我不建议女孩约见网友，但也理解有时候和某个网友交流一段时间后，会好奇对方在现实中是一个什么样的人，很可能你还是想去。那么，如果你真的要去，一定要做好以下几点：

第一，约见的地点必须是我们熟悉的城市、熟悉的环境和安全的地方，最好附近还有熟悉的人。一般情况下，女孩子不论是体型还是体力，都比男性要小一些，在我们自己熟悉的地方和网友特别是男网友见面，万一有被控制的情况，逃离的机会更大一些。

即便在自己熟悉的城市，选择合适的见面场所也很重要，不要选择静谧偏僻的场所。尽量选择公共场合，比如自己经常会去的电影院、商场、餐厅等人多的场合。

第二，约见的时间段也很重要，务必选择很多人会在外面活动的时间段。比如下午的商场、傍晚的餐厅、晚上九点前的电影院等，我们选择人比较多的时间段，相对也更安全。

第三，即便是自己熟悉的地方和合适的时间段，也不要一个人去和网友见面。如果你觉得父母可能会同意并陪自己去，可以考虑告诉并邀请父母一起陪着去；当然，如果你不打算告诉父母，也必须记得找两三个朋友一起去，或者邀请家里、亲戚中的哥哥姐姐，一起去。切记不要单独行动。

第四，在你约见网友时，即使暂时不想告诉父母，也不要向父母撒谎。在大多数情况下，女孩约见网友是不太愿意告诉父母的。假如你不打算告诉父母实情，我强烈建议你，不能像上述案例中的小红一样欺骗父母。我们需要告知父母一些基本信息，可以有选择地告诉父母自己的出行基本信息（时间、地点等）。当然，方式可以多种多样，可以留纸条在家，

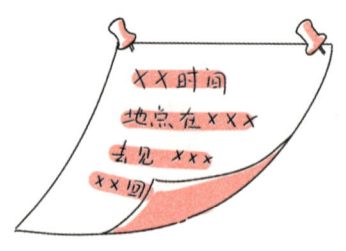
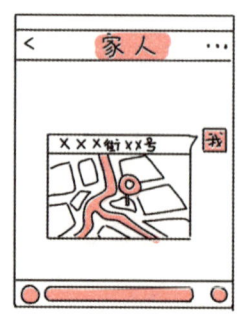

也可以发个信息或者发个定位给父母。这样的话，万一有危险发生，父母可以根据这些关键信息给予你及时的帮助。

第五，需要特别强调的情况是：如果网友邀请我们去他（她）所在的城市，去指定的陌生地方，或者约你去酒吧、酒店等特殊娱乐场所，以及偏僻的地点见面，一定不要去。 假如网友提出在深夜去看电影午夜场或者清晨约去爬山等，想要安排在类似这样的他人活动较少的时间段见面，也记得一定要拒绝。

陌生的城市环境、人迹稀少的时段和地点、单独一人，在这样的情形下与网友约会，一旦发生危险情况，女孩几乎没有求救机会，千万不要心存侥幸。不幸事件虽然不一定百分百发生，但一旦发生，对自己而言就是百分百的灾难。

男网友说邮寄一份礼物给我，该不该收？

女孩的小心思

昨晚我和同学过生日，然后把过生日的图片以及经过，和一个男网友分享了。虽然我还不知道他是哪里人，但他人很大方，随后说补送一份生日礼物给我，是之前和他讲过的我非常喜欢的一个动漫手办，让我把家里的收货地址发给他。

这个手办很贵，我攒了一年的压岁钱都还不够，我心底暗暗欢喜。准备发家里地址给他的时候，又有点犹豫了：我的生日过了，现在收他生日礼物，会不会不太好？另外这个礼物这么贵，假如他生日，我怎么还？只好有点纠结地拒绝了，可拒绝后又有点后悔，毕竟那个手办我喜欢了很久，真郁闷。

| 第二章 交友篇 | 网络交友一定要谨慎小心

亲爱的女孩，无论是出于什么理由，最后你拒绝了男网友的礼物，也没有把家里的地址发给他，我要恭喜你在这种情形下做出了一个正确的决定，所以你无须郁闷。

家庭地址是属于我们个人的非常重要的信息，这些信息一般不公开，需要在一定范围保密。在不确定的情况下对于一些我们不了解的人透露家庭地址，实际上就是将我们的安全放在了一定的风险之中。

我讲一个同事办过的案例，相信你就明白了。

小东（化名，女，17岁）通过某网络软件认识了一名男生张某宇（化名，25岁），后张某宇开始追求小东。小东当时没有男朋友，虽然说不上喜欢张某宇，但也不算讨厌，觉得有个男生追求感觉也还不错，在网上聊天时，态度一直模棱两可。

张某宇认为追求女孩子要送礼物，所以买了礼物送小东，刚开始小东有点犹豫，最后还是把家庭收货地址给了张某宇，然后张某宇邮寄了礼物。

后来张某宇多次寄礼物给小东，并提出要小东做其女朋友。小东觉得自己并不喜欢张某宇，于是拒绝了张某宇。

张某宇这个时候觉得小东耍了自己，接受了自己这么多礼

检察官妈妈写给女孩的安全书

物还不愿做自己的女朋友,非常生气,于是从外地搭车来到小东家住处,在和小东争执过程中,用刀把小东的脸划伤了。

经过法医鉴定,小东脸上的疤痕累计11cm,达到了轻伤标准(根据我国《人体轻伤鉴定标准(试行)》),最后张某宇也因为自己的行为构成了故意伤害罪,被判处有期徒刑十个月。

而小东呢?也因为轻易拿人家的礼物,交友不慎,最后导致自己脸上留下伤疤而后悔不已。

礼物是表达心意的一种方式,虽然"礼尚往来""礼多人不怪"在生活中是一种很常见的现象,但我们在和人交往中,也需要保持合适的度和边界。

有的礼物可以收,但一些礼物该拒绝的时候必须要拒绝。在网络交友过程中出现哪些情形,是我们必须要拒绝的呢?

网络拓宽了我们交友的宽度和广度，也增加了我们辨别真假的难度。作为未成年人，和朋友相处交往，礼物是收还是不收，是一门我们需要学习的人际交往技能。不论我们是否已经掌握了适当的度和边界，当出现以下三种情况时，请记得拒绝。

第一种情况 当一份礼物的价值明显超出了我们日常经济消费能力的时候，请一定慎重考虑并拒绝。礼尚往来背后的逻辑不是单向的，而是相互的。

拒绝是对自己安全最好的保障

第二种情况 当面对一个不能确定、无法核实对方真实身份的人（包括网友，但不限于网友）所送的礼物时，请一定慎重考虑并拒绝。因为接受这个礼物需要我们自己提供真实的家庭地址信息、电话以及联系人等，也就相当于把我们的部分安全放在一定的风险中了。

拒绝就是保障了我们的安全

第三种情况 对方身份真实，所送礼物价值不大，但是他送礼的目的和期待，是你无法满足的，请在一开始就拒绝这份礼物。正如上述案例中的小东，明知张某宇送礼物就是表达爱慕和追求，而自己并不喜欢他，但却收下了张某宇的礼物，导致张某宇产生误会，进一步投入，最后反目成仇。

一开始就拒绝，避免误会

礼物是表达感情的方式，但不是唯一方式，送礼物、收礼物都需要根据我们实际交往而决定。有时候，礼物也可能成为某些人达到其他目的的手段。作为未成年人，把握了接受礼物的度和边界，就是建立起了一道自我保护的屏障。

偶像粉丝团约去某城市追星，去还是不去？

女孩的小心思

我喜欢偶像吴某某，喜欢听他的歌和追他的剧。网上也有很多他的粉丝团，上次朋友对我说只要花三块钱下载他的新歌，就可以参加他的地区粉丝团，于是我加入了他的粉丝团。

在这个粉丝团里，团长会鼓动大家为偶像做些事情，比如一起援助购买杯子、钥匙扣、海报等纪念品支持偶像，有时还可以竞价他的签名海报。父母给的零花钱用完了，为了表示支持，我还找朋友借钱买了一张签名海报。

这次偶像在我们省会开演唱会，刚好是暑假，是离我最近的一次，机会很难得。有个外地的粉丝邀我一起买票去看演唱会，我很想去，不过爸妈肯定不会答应我自己一个人去，要不要骗他们说和同学一起去省城呢？

检察官妈妈 讲案例

亲爱的女孩,我首先要提醒你:千万不要为了追星去外地而欺骗父母!

想去看偶像的演唱会,可以好好和父母商量。千万不要预估父母不同意,就提前找理由骗父母,然后单独去外地和其他粉丝汇合。这样做,风险实在太大。先听听我讲一个亲自办过的案例吧,你就能体会到了。

> 网友范某和被害人小贝(化名,女,13岁)同是明星李某某粉丝,在粉丝群里认识后,互相加了私信,两个人除了有共同喜欢的明星之外,在聊天过程中,小贝觉得范某还是一个暖心大哥,很呵护自己。
>
> 暑假期间,小贝很无聊,经常和范某私聊。一日范某说另外一个明星在某市开演唱会,邀请小贝一起来看,并说要送小贝一部手机,还把新手机包装盒拍给小贝看了。
>
> 小贝之前因为手机的事跟父母闹过别扭,一想到范某又是请自己看明星演唱会,又给自己买手机,顿觉范某特别体贴,于是小贝向父母隐瞒了真实情况,欺骗父母说去同学某某家玩两天,实际上是去某市找网友范某。结果可想而知,小贝不单单是被范某控制住了,还被其侵犯,而更严重的是小贝还被范

检察官妈妈写给女孩的安全书

某拐带到某省山区老家,强行让小贝做他的老婆。

原来范某因为老家偏远贫穷,年纪偏大,一直娶不到老婆,在网上认识小贝后,就计划骗小贝并把她带回老家做老婆。

小贝因欺骗父母去同学那里,直到过了四五天后,小贝父母才发觉女儿确定失踪了,只好向公安机关报案,但苦于没有线索,公安机关也只能暂时做失踪人口案件处理。

小贝被带到某省山区后,一直被范某家里人看管着。过了两三个月后,小贝找到一个机会借到电话,打通父亲的电话告诉了父母自己的情况和现住地址,小贝父母马上报告公安机关,公安机关才把小贝解救出来。

范某的行为已构成强奸罪和拐骗儿童罪,依法被追究刑事责任,得到了应有的惩罚。而小贝也为自己的轻率举动,付出了惨痛的代价。

亲爱的女孩,案例讲到这里,你或许还会有点疑问,认为小贝主要是贪慕别人财物(手机)而导致被骗的,而自己不会。在这里,我想说,不贪慕他人钱财确实可以减少被骗的情形,但风险不止这些,我们需要建立更多的防范意识。

人和人之间有共同的爱好会有更多的话题,也会让彼此产生更多的好感,特别是在相识阶段,所谓"同频共振"可以得到对方更多的好感和信任感,这一点在心理学上是有研究发现的,人会更趋向于和与自己有着一样或相似兴趣爱好乃至思维、观念的人建立友谊链接。

这本来是一个普遍的社会心理现象,但却很容易被别有用心的人利用。有些人就利用网络的隐蔽性来营造一个虚假的表象,用来欺骗对方,从而达到自己不可告人的目的。

当别有用心的人故意制造的情形和一般常见情形混杂在一起时,有时候或许我们还不能完全识别,但只要我们在遇到事情时谨慎思考,避免冲动,就能降低被伤害的风险。

首先,理性追星。我们喜欢某一个明星是很正常的,用自己可以支配的零花钱购买一些明星的作品、支持明星的一些活动也是正常的,但要提醒

自己量力而行。把钱花在喜欢的地方是我们的自由和权利,不过作为未成年人为了追星借钱消费,就不是合理的行为了。现实生活中发生过不少因为借款、贷款等提前消费无力偿还而衍生出来的违法犯罪行为。

其次，追星、看演唱会都需要钱，学生没有劳动收入，这笔费用需要得到家长的支持。对于别人的邀请或赠送，一定要谨慎思考，避免被骗。 想一想，对方出于什么正当理由为你支付这笔费用？难道仅仅是彼此聊得来？而且，在追星过程中，自己寻找官方平台购买相关门票也更加可靠，现实中常常发生代购票务诈骗钱财事件，尽量不要让其他陌生粉丝代购门票。

再次，约网友参与粉丝活动的安全风险明显更高，我们要尽量约熟悉的、信任的现实生活中的同学或朋友一起参加此类活动。 不熟悉的城市千万不可以单独前往，和家人结伴才是安全的。单独和朋友结伴而行，谨记需要得到家人的同意后再行动。追星是一个兴趣爱好，我们犯不着为了这个兴趣爱好把自己置于高风险之中。

最后，任何情形下外出都不要欺骗父母，告知父母实情是我们安全的第一保障。 确有其他客观因素没能及时告知父母，我们务必在离家之后，以电话或者短信的方式告诉父母我们真实的位置。因为一旦有意外情况发生，父母知晓的时间越早，我们得救的可能性越大。

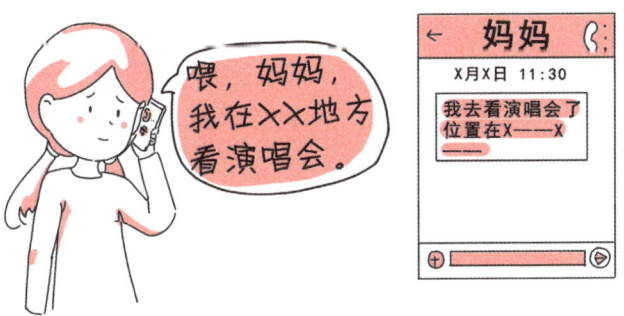

毕业旅行找不到同伴，网上的驴友团，怎么选更安全？

女孩的小心思

高中之前妈妈经常带我去旅行，每次都很开心，所以一直很喜欢旅行，但上高中后学习紧张，再也没去过了。心底一直期望可以再去旅行，并且想和朋友一起去。后来妈妈答应我，等高考结束之后，就让我约朋友一起去自己想去的地方。

高考结束了，大学录取通知书也拿到了，妈妈答应让我自己拿主意约朋友去旅行，真是太开心了！我心想，这次毕业旅行一定要去一条人少的路线，去看之前没有看过的风景，这样才有意义。

约来约去，约不到人。我发现网上有一条驴友背包客发布的穿越路线很合心意，很想和网上的驴友一起去，参加他们的团，不过不知道他们那边参团人员怎么样，也不知道妈妈最后是否会同意，有点纠结，怎么办呢？

亲爱的女孩，首先恭喜你高考顺利。在高中毕业后，许多同学会有和你一样的想法，和朋友们来一场毕业旅行，来庆祝这一人生的重要事件。

不光是毕业旅行，其实很多人在出行前，都会在网上查找攻略，甚至在网上发帖寻找同一路线的驴友。也正因为与陌生的网友结伴，我们就不能不提高防范意识，以免开心事变成伤心事。

在你做决定之前，先听我讲一个自己朋友身边发生的案例。

小南（化名，女，20岁）讲述了一件这样的事情。她喜欢徒步旅行，对四川的景色向往已久，在网上见到驴友发布了一个招募帖子，结伴走一条非常规的线路，于是报名了。

小南算是有过徒步旅行经验的人，有自己的装备。一起拼车的有六个人，四男两女，半路一个女孩因临时有事提前离开了团队。

在共同旅行几天后，大家熟悉起来，发帖的召集人王某会对小南故意开一些玩笑表示喜欢，并不时有一定的身体接触。当小南表示不乐意的时候，王某就说小南开不起玩笑、不好玩等等，在大家起哄之下，小南只好假装接受，没有明确反对，

检察官妈妈写给女孩的安全书

后来大家还继续开玩笑让小南做王某的女朋友算了。

行程过半，一天因为天气原因行程有变化，住宿地点换在另外一个小南没做过攻略的陌生地方露营。小南觉得这么多人一起，自己有装备也就没有异议。当晚小南因为感冒头疼，吃了点药提前休息了，但在半夜迷糊中发觉王某串到自己帐篷内，让自己做他的女朋友。小南内心不乐意，但当时头疼不舒服同时也不好意思呼叫反抗。第二天王某见小南沉默没有出声，更加大胆，再次在晚上露营时进入小南的帐篷……

随后几天，小南忌惮王某是召集人，行程偏僻，车辆包括随行物资都在王某掌控之下，加上小南内心感到羞耻，发生这样的事情对他人难以启齿，最后选择沉默一直至旅行结束。

事情过去一个月后，小南出现了比较严重的心理创伤，对事情无法忘怀，才通过朋友来咨询这件事该怎么办。我们暂时不讨论这个案件最后在证据搜集上的难度问题，先说说通过网络约驴友一起旅行，需要特别注意哪些风险。

旅行是我们期待的一件美好的事情，在做旅行攻略及各种准备工作的时候，一定要考虑到避免风险。

第一，我不建议女孩在选择旅行线路时挑选一些非常规路线。非常规路线之所以被称为"非常规"，就是因为这些路线去的人比较少。因为去的人少，饭店、旅馆、道路、救援等旅游设施还不是很完善，遇到特殊事件，寻找救援和帮助的机会就会少很多。

第二，我建议尽可能选择正规旅行社组织发布的相同或类似线路。因为正规旅行团对于报名人员一般会要求提供身份证等信息，这也就有了一个基础的把关。同时，也会按照国

家有关规定做好保险、防护、救援等一系列工作。虽然正规旅行社组织带团没有自由行那么随性,但对我们而言,安全保障是第一位的。

第三,万一我们在旅行中遇到类似小南这样的情形,该怎么做?

第一步,针对王某这样的人开玩笑说喜欢自己,并试图进行肢体接触的时候,要尽量严肃、明确地表示反对和拒绝,态度要明显、坚决,这样就能极大地减少受侵犯的机会。因为这个时候对方其实还处于一个试探的阶段,还在试探目标对象的态度和性格,考虑是否进一步行动。案例中小南基于压力,对一开始的肢体接触没有反对,言语表达没有坚决拒绝,让王某有了进一步行动的胆量。

第二步,在遭到对方骚扰的时候,只要不是在力量悬殊、单独相处的环境下,就应该尽可能弄出大的动静,不方便呼救就把身边的东西打碎,让附近的人可以觉察,事情才可能有转机。

第三步,找机会脱离危险环境,寻找同行者中自己信任、认可的人帮助,并马上报警,切不可像小南那样隐忍一个月之久再考虑报案,因为这样会导致一些证据灭失,证实加害者犯罪的难度加大,最后可能无法追究犯事者的责任。

亲爱的女孩,刚刚成年的你,还有美好的大学生活在等着你呢,对于旅行这件事,我们必须避免一些高风险因素。

第三章
色情防范篇

要懂得远离网络色情，别被骗

① 拍私密照上传指定私密朋友可见，真的私密吗？

女孩的小心思

过生日的时候，爷爷奶奶给了个大红包，说我长大了，想买点什么就去买什么。上次想去拍写真艺术照时没有去，这次正好用这笔钱去拍了个写真集。

我觉得照片拍得很好看，另外还在摄影师的建议下拍了一辑私密照，算是有点大胆的尝试，假如被父母看到估计要骂我了，要是被其他同学看到，说不定会有点闲言闲语。

不过尝试拍这样的照片有点小兴奋，想给几个好朋友看看，或者就在电脑上传给她们看看，可以设置好密码保护，且仅私密朋友可见。我有点兴奋又有点担心，这样做，不知道会不会泄露隐私？

亲爱的女孩，你在拍了一些所谓"大胆"的私密照后，有这么多顾虑，估计你也能清晰地认识到，拍这些照片超出了自己日常生活的一些尺度，是不太适合公开被其他人看到的，或者说假如被人看到或利用，可能会对自己的生活造成一些不好的影响或者困扰。你打算把这些照片通过网络分享给好朋友，期待在一定范围内保密。在你打算这么做之前，先听我讲个案例吧，这个案例是我在做法治进校园活动中一个老师咨询过的案例。

小敏（化名，女，15岁）还在读初二的时候，在学校和一个男生小伟（化名，16岁）谈起了恋爱，当时应小伟的要求自拍了几组非常性感的照片，并且有的照片还比较露，这些照片当时保存在一个网盘上，密码只有两个人知道。小敏反复告诉小伟说这些照片都属于很私密的照片，千万不能泄露，当时小伟也信誓旦旦地说，这是属于两个人的秘密，他肯定守护好。不过后来发生了一件俩人都始料未及的事情。

小伟的电脑借给好朋友小强（化名，男，15岁）使用的时候，忘了将网盘退出登录，结果小强就无意点进去看到了这些照片。青春期男孩对这些带点"颜色"的照片非常好奇，于是下载后

| 第三章 色情防范篇 | 要懂得远离网络色情，别被骗

直接转发给了几个QQ群,据说还交代不外传,但是每个青春期男孩对这样的图片都有很强的猎奇心理,一传二,二传三,就这样小敏的"私密照"在学校男生QQ群之间传开了,然后又扩展到女生之间。小敏感觉被大家在后面评论和指指点点,但不知道是什么原因,直到小敏的闺蜜偷偷告诉小敏。小敏知道原委后,非常崩溃,但造成的影响已经无法挽回。

于是小敏强烈要求父母帮她转学,但就是不肯说出具体原因。父母认为读初三的小敏正是学习的关键期,这个时候转学不利于中考,不同意转学。

小敏见父母不同意转学,又无法忍受同学的议论,于是就干脆不去学校了。父母非常着急,只得答应她。新学校离家远,比原来的学校教学质量还差很多,而小敏经过此事打击后,成绩一落千丈,最后导致辍学。

这一事件,因女孩的"私密照"被曝光疯转而引起。虽然小敏和小伟自认为已经做好了保密措施,但是被透露的风险无处不在。女孩子的"私密照"底线在哪里?该怎么防范呢?

| 第三章 色情防范篇 | 要懂得远离网络色情，别被骗 |

女孩经历青春期，相貌和身材都会很大变化，所谓"女大十八变，越变越好看"。随着年龄增长，女孩会更加在意自己的外貌，在某个有意义的日子去拍艺术写真照纪念一下无可厚非。但在留下美丽倩影的时候，我们更应该需要提高警惕保护好自己的隐私。总结过往的一些案例，我有以下三个建议：

第一个建议，作为未成年女孩，不建议拍任何暴露身体隐私部位的私密照片，或者朦胧可见身体隐私部位、凸显身体性感的照片，这是一个底线。 作为女孩需要知道这么一个认知，网络上有关女孩身体暴露的照片或者所谓带点"颜色"的图片，会自然引起他人特别是男性的猎奇心理。假如身边熟悉的或者认识的人看到了更会忍不住点开看，甚至忍不住分享出去。这也是这类照片一旦泄露往往很快就疯传开来，造成不良后果的一个重要原因。

第二个建议，在拍个人写真艺术照时，需要找可靠的、可以信任的摄影师或影楼，有必要时需要对拍照事情签相关合同，合同中特别注意需要对照片进行保护，未经当事人同意不可做其他任何用途。 亲爱的女孩，一些所谓"大胆"的私密照，防范泄露需要把好的第一道关就在这里，请谨慎对待。

第三，当你准备把私密照通过网络传递给朋友的时候，请你提前想象一下这样的情形： 照片不小心被泄露到网络上，传开了，被不认识的人点击，被认识的人翻看，再传递给其他认识你的人，这些人可能是你的父母长辈、同学朋友……他们可能会有什么表情，有什么猜测？

试着想象一下，假如你有一些焦虑、不安、恐惧甚至于后怕的感觉，相信你对于这些大胆私密照公开的后果，已经有了觉察。

我们不可忽视这些危险因素：网络上对女孩所谓"颜色"照片的传播威力；即使好朋友没有故意泄露，也可能会无意中被其他人看到而传播出去；网络上私密设置也存在被他人破解的风险。

当你充分考虑上述危险因素的时候，相信你会做出有利于保护自己的选择。

同学邀请我参加蒙面睡衣直播聚会，有何风险？

女孩的小心思

朋友马上要过18岁生日，约大家一起庆祝，她平时就点子特别多，说以后要当网红，这次要开一个特别的party，来庆祝成人礼。她提前订了一个很高档的酒店，邀请了很多人，要求每个人都穿睡衣、蒙面，增加神秘感，还要搞现场直播，增加直播间人气。

朋友庆祝18岁生日，没有其他特殊情况本该去。不过听她说要蒙面搞活动时，反倒有点犹豫和不安，去还是不去呢？

亲爱的女孩，很庆幸你有这样的敏感，虽然你不知道自己的不安和担心来自哪里，但这点敏感让你犹豫了。在你犹豫的时候，先听我讲一件自己在做法治进校园活动的时候听到的事。当时我给中学生讲一堂预防性侵的法治课，讲完课后，一个学生找我聊了一件事，相信你能从这个案例中得到启发。

小美（化名，女，16岁）在打网络游戏的过程中认识了几个朋友，一次被朋友拉去参加团战活动，活动的场所是在乡下某个休闲园 。因为离市区比较远，参加人数比较多，都是年轻人，所以小美被朋友安排到另外一部车，只是这部车上的人她都不认识。

到达休闲园活动场所，大家分几组玩游戏，全程有人跟着录像，说是把活动的过程剪辑后上传到网上，让大家自行下载观看。为了活跃气氛，大家决定玩个游戏。游戏规则是男女面对面或者背对背夹一张报纸走完规定线路，保持报纸不掉下来，最先走完全程胜利，输掉的人参加密室穿越。

小美虽然觉得难为情，但还是参加了这个游戏，不过游戏最后小美那组输了，这样按照规则小美得参加密室穿越的活动。

第三章 色情防范篇 | 要懂得远离网络色情，别被骗

　　密室穿越的环境封闭幽暗，小美本来就很害怕，更恐怖的是，小美感觉被两三个人围着，身体包括隐私部位时不时被碰触到。小美的尖叫声和其他人的尖叫混在一起，根本没有人在意。半小时的穿越，小美感到非常惊恐，走出来后，觉得又怕又羞，但却不确定是谁在密室对她进行猥亵，所以也不敢告诉朋友。

　　自此之后，小美非常害怕去到人流密集的公共场所或狭小密闭空间，连电梯也不敢坐了。

　　小美咨询我：这样的事情是否属于性侵，能否报案？当时我明确告诉她，这种行为肯定属于性侵，当然可以报案。

　　可惜的是，事情已过去了好几个月，时间太久，有的证据已无法收集，案件无法侦破。最后小美听从建议，面对自己的心理伤害去寻找心理咨询师的帮助。

　　这个案例中，小美的遭遇是让人同情的，一件不幸事情的发生更需要我们好好总结其中可以避免的风险，为了更好地保护自己，我们该从教训中学会些什么呢？

| 第三章 色情防范篇 | 要懂得远离网络色情，别被骗

亲爱的女孩，当朋友邀请你参加睡衣蒙面直播聚会时，或许其本意是为了让大家充分放松并玩得尽兴，但一件事情有好几个敏感的关键词在一起的时候，我们就不得不考虑一下其中可能存在的危险因素。

第一个关键词"睡衣"。"睡衣 party"是目前所谓带有一点"潮"的事情，特别是网络上报道的一些明星闺蜜聚会开"睡衣 party"，为了彰显小团体之间的亲密无间，看起来新奇有趣，但在现实生活中假如我们照搬模仿，却蕴含着风险。

相信大家都明白，之所以叫睡衣，那肯定是指适用于我们平常睡觉这一行为的，我们很自然地会把睡衣和床联想在一起，而在聚会中特别是男女混杂的生日聚会中凸显这个元素，本身就暗示着暧昧，包括可能发生肢体接触的暧昧。在这种情景下，模糊并合理化了触碰女孩身体包

括隐私部位的行为。在这种场合下,女孩即使觉得不乐意也往往百口难辩。

第二个关键词"蒙面"。"蒙面"其实就是为了匿名,心理学上有个概念叫"匿名效应",即人在不记姓名或者相互不了解的情况下,个体的独立性和自主性得到充分体现的现象。也就是说匿名因为能减少个人各种各样的顾虑和心理压力,使人自由表达、畅所欲言的意愿得到充分发挥,在反映意见、匿名调查等所获取的信息中,因其不会追究责任而更真实、有效。这是匿名效应的积极作用。

但同时,我们也应该了解匿名效应的消极作用,当人们觉得自己的言行充分表达而不会被追究责任的时候,也可能会把一些坏情绪、负面言行"充分表达"出来。一些平时不敢做的行为,在匿名情形下就非常可能会去做,更有甚者会恣意宣泄,给别人的隐私、名誉、人身安全等带来更加严重的隐患和伤害。

所以"蒙面"的风险就在于,某些人在平时可能不会做出一些不合适的、对人不尊重的行为,但在蒙面或匿名情况下就非常有可能做了,结合"睡衣"所带来的暧昧暗示,对女孩而言,这些风险就很高了。

第三个关键词"直播"。本来是一个小团体的活动,影响力有限,可以影响到的人也有限,但由于借助"直播"这种网络途径,影响辐射

就可能被成倍放大,随着用户数量的增加,所有用户都可能从网络规模的扩大中获得更大的影响或价值。这种成倍数扩大的作用,俗称"网络效应"。网络效应最大的特点是几何级数增长。运用网络,好的价值和影响会呈几何级数增长,同时坏的价值和影响也会呈几个级数增长。

而具体到这次事情上来,当"睡衣""蒙面""直播"这几个关键词在一起的时候,作为未成年人,我相信,你应该明白损害风险点在哪里了,对是否去这个新潮的聚会也能做出正确的选择。

游戏小房间对着摄像头脱脱上衣就有金币拿,可以拍吗?

女孩的小心思

我和同学一起在玩一个游戏,大家都在赚积分,明明前阵子她的积分比我少很多,怎么一个星期就追了上来?

昨晚我问她是不是花钱买的,她还说没有花一分钱。太奇怪了,问她怎么赚到那么多积分,她说是秘密。直到今晚她要我答应一定保密才告诉我。

原来游戏里有个房间,只要打开房间窗口,对着电脑摄像头,按照里面那个人的指示,脱衣服、穿衣服就可以赚到很多积分。她还说可以自己一个人在房间脱,没有其他人知道,并且又不一定脱光衣服。根据里面要求不同,积分分值不一样。

虽然我说不上原因,但隐隐约约觉得不太好,大家按规则玩游戏,她这样不就是作弊吗?并且在摄像头前脱衣服这事我要不要保密?不过看到她赚那么多积分又有点羡慕,要不要学她那样?

| 第三章 色情防范篇 | 要懂得远离网络色情，别被骗

亲爱的女孩，你已经意识到"在游戏小房间对着摄像头脱脱上衣赚积分换金币"不太好，说明你能够明辨是非。

这个时候，需要你稍微想想：游戏里有人在开设房间窗口，要求玩游戏的女孩对着摄像头脱衣服穿衣服，是为了什么？连着网络摄像头录制这样的视频，他们这样做有什么目的呢？

带着这些疑惑，先听我讲一个案例。

这件事发生在一个朋友身上，当时她说惊出了一身冷汗。

她有两个孩子，儿子小刚 17 岁，女儿小雪 7 岁。有一天小刚发现妹妹小雪在床上对着电脑屏幕扭扭跳跳，还有掀起裙子的动作，问她在干吗。小雪说跟着电脑上的人做动作，有点像跳舞机那样，做完整套动作就可以得奖品。小刚怕妹妹在床上跳摔下来，让她下来跳，小雪说不行，要在床上对着摄像头跳才可以得奖品，不然没有奖品。

小刚感到很奇怪，觉得妹妹玩的游戏肯定是小孩子玩的那种很单纯的游戏，怎么有这么奇怪的设置，对着摄像头做动作才有奖品拿？他把电脑拿过一边，检查一看，才发现这款游戏的一个窗口有个"照做拿奖"的环节，点进去看看，从对话中

检察官妈妈写给女孩的安全书

感觉好像有人远程操作录像一样,于是马上告诉了父母。

小刚父亲是公安民警,警觉性很高,马上把电脑拿去单位同事报案和做技术侦察,而后根据这个游戏线索,抓获了一个在网络上传播淫秽物品的团伙。

原来,这个团伙以游戏做伪装,在游戏里面引诱未成年人对着摄像机脱衣服、穿衣服。有的人为了赚取更多积分或者游戏币,直接把衣服脱光,而这个团伙通过网络技术把这些视频录下来,再偷偷打包卖给一些坏人。

这个时候,相信你已经明白,在游戏里要求小朋友对着摄像机脱衣服、穿衣服,这种行为不但是不太好的行为,更是违法的行为。那么,当我们意识到游戏中一些不太好的事情时,该怎么做呢?

检察官妈妈支招

同学之间一起玩游戏，互相竞争是为了让游戏更好玩、更有趣，但假如用不太好的方式去攀比，去获取不太正常的积分或者游戏币之类的，就非常有可能被别有用心的人利用。玩游戏也需要我们明辨是非，做出正确的选择。

第一，我们需要建立这样的一个认识，女孩子脱衣服、穿衣服这是一个日常隐私行为，正常情况下我们一般会回避他人。 对着摄像头来做这件事，就相当于在公共场合随便脱衣服、换衣服，连着摄像头的网络另外一头藏着我们不知道的风险。如果有人以  积分、金币等各种奖励来诱惑我们做不合适的事情时，我们应该拒绝。

第二，当你知道同学是通过这样一种方式赚取奖励后，应该阻止她继续这么做。 把刚才那个案例也讲给她听听，虽然我们还没有足够证据证明这个游戏录这样的视频就是为了传播

淫秽物品，但偷窥个人脱衣服、穿衣服的隐私行为就已经是不道德了，并且这样的视频极有可能被在网络上打包贩卖。

第三，这件事不可以保密。你不但应该阻止你的同学继续这样做，更需要把这种情况告诉父母或者其他可以信任的成年人。让成年人来帮助你，向平台举报游戏违规，并根据具体情况和需要，向公安机关报案。因为整个事情非常可能涉嫌违法犯罪，而你的同学也很有可能是一个不知情的受害者。

4

网上挂着一直想买的动漫服只要10元，要线下自取，有什么风险？

女孩的小心思

我想买女战士的动漫衣服，不过妈妈一直反对我喜欢动漫，认为会耽误学习，我央求了几次都不肯给我买。

上网查了一下，正版女战士的动漫衣服要好几百元，自己攒一年的零花钱都不一定够，下个月几个有着相同爱好的朋友聚会参加漫展，装扮肯定是需要的。上网时发现一个二手网站的动漫衣服便宜很多，有个买家说衣服是正版的，八成新只要10元，和他聊了一下，条件是同城自取，做模特帮他拍几套衣服，然后这套动漫服等于白送。

然后他发了一个地址，让我晚上去他的摄影棚。我想要动漫衣服，又担心晚上去摄影棚不太好，我该怎么办？

亲爱的女孩，我们有爱好是一件再正常不过的事情，但要根据自己的实际情况有节制地去跟进，贪图便宜在网上购买这件物品，并且还需要自己上门去取，这本身就存在很大风险。

我先讲个其他同人办理过的案例吧，你就明白一个女孩的自我保护意识有多重要。

小圆（化名，女孩，16岁）是技校的一名学生，第二学期学校鼓励大家实习，她爱美，平时喜欢买化妆品和新衣服，花销比较大，父母给的生活费根本不够，一直想着找个可以赚钱的副业。

小圆正好在网上看到一家公司海选模特，并有机会成为演员，参与拍片，待遇优厚。只要求年龄和形体漂亮，没有其他条件，想参选的话发一张自己的生活照并支付20元报名费即可。

小圆觉得自己符合条件，于是发了照片应聘，果然被选中。之后接到邀请，签合同，听对方公司的人介绍，就拍一个短片，不需要占用多少时间，重点是拍完后就可以得到好几万元的报酬，于是合同也没细看就马上签了。

开拍之后，小圆才知道是拍色情片，想抽身走，但对方拿

检察官妈妈写给女孩的安全书
网络安全

出合同让赔钱。小圆一看傻眼了，还没赚钱就要赔这么多钱，加上公司的老板说色情片只卖给外网的人，国内看不到，小圆只好拍了色情片。

而之后公司老板让小圆介绍其他女孩来拍，承诺给予高额介绍费，见小圆面露难色，对方以色情片曝光为筹码，威逼利诱小圆诱骗其他女孩参与拍色情片。为了赚取高额中介费用，小圆最终介绍两个朋友参与进来。

后来这个公司的相关人员因为制作、传播淫秽物品罪被抓获，而小圆本来是被害人，但后来经不起诱惑参与到违法犯罪的事件中，也构成了传播淫秽物品罪。

小圆没有想到自己年纪轻轻就要坐牢，后悔自己当初没有控制好贪财、贪便宜的心理，一步步被诱惑参与到犯罪的活动中来。

亲爱的女孩，希望你能从这个案例中吸取教训。为了得到一件心仪的衣服，如果去摄影棚后让你去拍有可能威胁到自己以后生活的性感内衣照，是不是太不值得呢？

检察官妈妈支招

面对一个看起来好像是让人占"便宜"的诱惑，我们需要停下来思考一下。这"便宜"其实就如同钓鱼人的鱼饵，钓鱼的鱼钩就包藏在鱼饵里面，我们必须要学习抵制诱惑。你或许有点疑问，生活中那个谁谁就得了便宜，也没见他怎么样了。是的，道理其实就是：鱼饵不一定每次都钓到鱼，但鱼饵的设置就是为了钓鱼。当我们想着去吃鱼饵的时候，这就是把我们的安全置于高风险当中，随时有可能成为别人眼中的鱼。

俗语有讲："占别人的便宜，就是我们惹祸的开始。" 这是我们提高自我保护意识的第一点。

网上挂出 10 元的正版动漫衣服就是"钓鱼者"设置的"鱼饵"，等待想占便宜的人过来。当有人过来询问的时候，对方会使用一些花言巧语来诱惑，只等目标对象上钩。

网络上有各种类似的诱惑，我们要学习分析一件事情存在哪些风险，防患于未然。具体到这件事，风险点就不少：

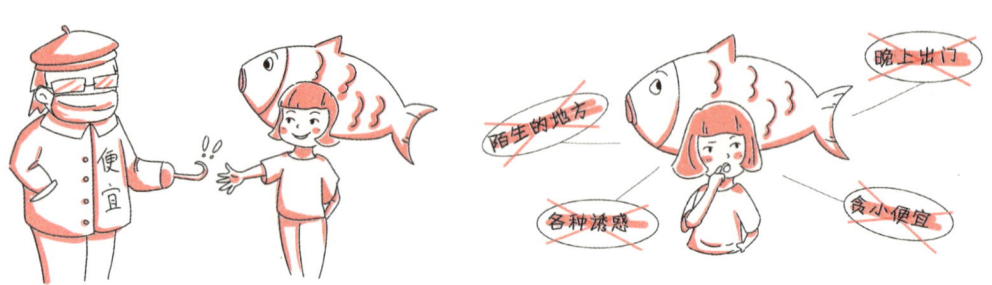

①对方设置上门取货的条件,就是一个高风险因素。

②要求一个女孩子去到一个陌生的地方,不知道对方是什么人,有什么目的,那这个地方我们就可以认为是存在危险的地方。

③约定晚上的时间,对于一个女孩子来说也不合适,且风险系数非常高。

另外,对方的条件之一是要求帮着拍几套模特服装,不能排除可能要求拍性感内衣照片之类的,要提高警惕。我们必须了解到情趣内衣不是未成年人使用的,也不应该由未成年人担任模特。拍摄性感内衣照属于色情活动,邀请未成年人来参与,是违法行为。色情活动对未成年人来说伤害是巨大的,对女孩而言,伤害更是持久,假如通过互联网的放大作用,后果更是难以想象,我们要坚决拒绝参与这类色情活动。

亲爱的女孩,你不去、不占这样的便宜就对了。虽然我们还不能确定对方就是坏人,但防人之心不可无,提前预防对我们的人身安全、财产安全都非常重要。

5

对游戏弹出的色情动图感到好奇，该不该点开？

女孩的小心思

这个周末，在家上网打游戏，不时跳出一个动图，一看就是色情的，据说男生会偷偷看这种动图。

我有点好奇，于是点了进去，却变成了游戏下载链接，下载之后，电脑提示点击一个网站链接，点开后页面上有许多穿着暴露的男女动图和图片，继续点击后有提示要注册付费才可以看。虽然我的账户没有钱，但还是觉得很好奇，很想去看看里面有什么。

网页弹窗这样设计是利用了人们的好奇心,标题足够吓人,足够引起震撼,赚取点击流量,吸引人去看广告。有时候这种做法让人很讨厌,但还不至于会造成一些危险后果。而利用色情图片或者动图吸引人点击,后面往往包藏着更大的危险因素。

我在上"法治课堂"时,曾经遇到一个妈妈咨询一个问题,她问我如何举报色情网站才可以抓到后面的一些坏人。我当时问她怎么回事,她讲了儿子小郭(化名,14岁)的遭遇。

小郭在妈妈眼中是一个很乖巧的孩子,上初中后,向妈妈提出为了学习需要买一台电脑。妈妈平时要照顾家里开的便利店很忙,加上小郭上初中后,妈妈对学习上的问题也不懂,对电脑更是一窍不通,没有多想,就直接给小郭钱买了台电脑。

自从家里装了电脑,小郭就很少和同学去外面玩了,妈妈以为他学习比以前更用功了,刚开始还暗暗开心,但大半年过去后,发现小郭不太对劲,晚上不睡觉,白天不愿起床,整个人精神萎靡不振。妈妈在为小郭洗衣服以及收拾房间的时候,发现房间常常疑似有精液,后来让小郭爸爸问他很久,才知道原因。

原来小郭第一次浏览到黄色网站,就是在打游戏的时候弹出

检察官妈妈写给女孩的安全书

了一个色情动图链接。在好奇心的驱使下点开看了之后,他觉得很兴奋,看完前面免费的十分钟左右后,控制不住充值继续观看。此后,小郭会偷偷等父母睡觉后上黄色网站看片,然后就在房间自慰。

爸爸批评了小郭后,以为他会有所节制,但后来发现小郭整个精神状态越来越不好,带小郭去看医生后,才知道小郭不光有成瘾行为并伴有精神抑郁,需要较长时间的治疗。

小郭父母对黄色网站深恶痛绝,于是去报案,后来警察通过小郭浏览的网站,发现该网站IP地址是在国外的,只能是封了相关链接,但无法彻底清除。

公安机关对"扫黄打非"一直不遗余力,而黄色网站更是我国长期严厉打击的一个重点,但现实中总是有些人利欲熏心,甚至勾结国外色情网站,向国内网民提供非法链接,然后通过这些非法链接引诱人点击付费观看,观看者中有相当一部分是处在青春期的未成年人。那我们该如何预防呢?

检察官妈妈支招

青春期是我们的身体中性别特征蓬勃发育的阶段，人体的各个部位都在发育中，有的部位长得快比如身高，有的发育会迟点才成熟比如性特征，这些都是正常现象。在我们人体中，最后发育成熟的是大脑，而大脑最晚发育成熟部分又是掌管我们理性思维的前额叶大脑皮层。

相对于成年人，长期观看色情视频对未成年人的危害更大，正是因为色情视频的刺激影响到了未成年人大脑的正常发育。为了让我们健康成长，预防是关键。

首先，家里的电脑要安装绿色上网屏障。 青少年上网模式可以有效过滤掉广告链接、动图推送等，还可以过滤掉一些不适合未成年人接触的内容，有效防范这类色情图片的自动弹出。

其次，当我们的身体快速发育的时候也伴随着关于性成长的疑惑，我们要寻求积极健康的正规性教育途径获取相关性知识。 比如，正规出版社出版的科普性知识读本，宣讲性知识的官方网站，向父母或者可以信任的成年人请教，而不要以为色情网站可以教会你相关性知识。

最后，要提高对色情的辨别能力。 色情和艺术中都有男女人体裸体形象，但所体现的视觉感受和意义是不一样的。色情中的裸体着重挑起或激发人的性欲，刺激人的感官感受，而当裸体作为艺术文化传播时，它重点是唤醒人对美的感受，对情感的共鸣，是超越性欲望的艺术品。我们要增长见识，提升审美品位，面对一些图片，要学会辨别什么是色情、什么是艺术，更要做到不被色情所诱惑，拒绝色情，健康成长。

第四章
财物防诈篇

远离"诱饵",
谨防被骗

1

轻轻松松帮人刷个单就有提成，钱真的这么好赚？

女孩的小心思

放暑假没有什么事情做，早两天听同学说她暑假里一个星期不到在家轻轻松松就赚了不少钱，我也想利用假期去打打暑期工，于是请教她是怎么赚钱的。

原来她是帮商家网购刷单赚钱的，按照商家的要求拍下物品，再拍照上传给好评，每单都不会发货，金额原价退回，并给她每单金额百分之十的提成，她才刷了几单，就赚了一百多元。正好这个商家说马上要搞促销，需要刷单的金额比较大，需要多个账户，她让我一起帮忙来刷，还可以赚提成。

我都被她说得有些心动了，不过我的账户需要实名认证并关联银行卡，在和老爸商量的时候却被骂了。真郁闷，我要不要想想其他办法呢？

亲爱的女孩，你爸爸没有允许你去帮忙刷单赚取提成这件事，其实是让你避免了更大的损失。假如你还不太明白怎么回事，听听我讲讲亲自办理过的一个刷单诈骗案件吧。

这是一起网络诈骗案，犯罪嫌疑人洪某曾经在一家网络公司工作过，了解网络刷单情况，但他认为刷单利润太小，于是和叶某合谋以在网络上招募刷单人员为名，先小额返还提成，建立信任，然后最后一单刷单金额（金额往往高出之前支付提成数倍的金额）就不再返还给刷单人员，以这种形式诈骗钱财，被害人被骗的金额从几百元到数千元不等。

其中一个具体案例就是这样的：被害人小宁（化名，女，17岁）根据一个群发布的广告加了一个QQ号码，通过这个QQ号码了解到刷单赚取提成的事情。一开始她将信将疑，对方就让她拍一个18元的物品，小宁想想反正也就18元，试试也没什么大损失，没想到对方在小宁上了好评后，马上返还了20元，拍物品的钱和提成一起到账，之后对方要求小宁继续拍了几个十几元或者几十元的单，都是在小宁好评发出后，拍物品的钱和提成很快就到账。

| 第四章 财物防诈篇 | 远离"诱饵"，谨防被骗

　　第一天小宁就轻松赚了十几块钱，很开心。对方告诉她，好评上线退款和提成是系统自动完成的，速度很快，都不用人工申请。于是小宁第二天继续按照对方的要求拍一些价值大约几十块钱的物品，然后又赚了几十元。第三天、第四天继续，到第五天的时候，对方发来的店铺有促销广告，然后要求这次下大单，并且超过一定金额，提成比例还可以提高，于是小宁下单了一个1888元的单后，开始按照要求写50字的好评，弄完之后，就等待对方返还金额和提成，然而这次却没有反应，等来等去不见退款，去QQ上问对方，才发现对方已经无法联系，这时，小宁才发现被骗了。

　　该网络诈骗案能查找到的被害人只有十几个，但在犯罪嫌疑人洪某和叶某的电脑里，可以提取到的转账记录却有几百条，从最少的500多元到5000多元不等。就单个被害人来讲，基本上都属于比较小额的诈骗数额，所以也有相当一部分人没有报案。

　　类似这种以小额返利为诱惑，引诱当事人来刷单，初期以小数额多次兑现承诺返还提成来获取被害人信任的诈骗，我们该怎么预防呢？

| 第四章 财物防诈篇 | 远离"诱饵"，谨防被骗

检察官妈妈支招

附

相关法律条文规定
★★★

《中华人民共和国商品流通法》第四十条明确规定："开办者应该建立交易场所内交易信用评价制度和信用披露制度，并禁止场内经营者自行或通过他人虚构信用评价。"

首先，我们必须了解一件事，刷单这件事情即使不是作为诈骗的诱饵，其行为本身就是违法的。上面这条规定的出台就是为了阻止刷假信誉、假好评这种破坏市场的行为。所以目前我国一些相关购物平台对刷单行为都有一些惩处措施。

其次，诈骗分子为引诱人在网络上刷单制作了诱人的广告，比如"高薪又轻松的兼职，小投资大回报，高薪招聘客服兼职"等，诱惑你添加联系方式，然后拉入某群，在群里和一些同伙假装做刷单情况总结发言，交互影响目标对象，降低人的防备心理，比如采取某人晒单自己赚了多少钱等套路。这个时候，需要我们有清醒的认识。

最后，我想说，利用小额回报作为诱饵，引诱被害人放松戒备，一步步落入陷阱，都是为了骗取钱财。

看完这些，我相信你能够做出正确的选择了。

② 压岁钱，钱生钱，入股就可以躺着赚钱，真有这好事吗？

女孩的小心思

每年的压岁钱妈妈都说帮我存着，算一算，这么多年压岁钱有三四万元了，不过我的银行卡在妈妈那里。上次堂舅和我讲，现在都上高中了，应该学习一下理财，提高一下财商，以后才有出息。他说自己投资P2P和比特币赚了不少钱，让我把压岁钱给他，三个月就能帮我赚回双倍，也可以帮我上网入股其他项目，还教我怎么投。

然后我和妈妈讲想把钱拿出来，但妈妈不同意，让我少信堂舅胡吹，说他赚钱快败家更快。

过了两天，堂舅又给我500元红包，说刚入股一个项目赚了，提议让我偷偷用身份证挂失银行卡把钱拿出来，等赚了钱，妈妈就不会骂了。

堂舅说得好像有点道理，作为亲戚应该也不会骗我。不过，背着妈妈这么做，会不会不太好呢？

亲爱的女孩，学习理财，提高我们自己的财商，本来是一件好事，但想走捷径赚快钱，往往是得不偿失，而且这也不是正确的理财思路和途径。

一些非法集资或者集资诈骗的案件，就是利用了人们期待高额回报的心理，让人投钱入股，最后投钱者都是竹篮打水一场空。这里先听我讲一个涉及非法集资和集资诈骗的案例吧。

这起非法集资案，涉案人员众多，犯罪嫌疑人以某投资集团公司的形式，在公司资金出现严重问题后，继续掩盖、虚构一些事实，面向社会招募，继续欺骗投资者入股。

具体方式是，某投资集团公司承诺保本且付高息，招募所谓"股东"参与投资项目，线上和线下一并实施，并鼓励股东招募下线，发展身边的亲朋好友，每发展一个下线均有提成，以直销模式按份额购买。截至案发，该集团公司涉及无法兑付金额上亿元。

其中一个具体涉案当事人的经历是这样的：晓蕾（化名，女，18岁）被朋友小王推荐投资这个保本高息的项目，小王向晓蕾展示自己投资的金额，两个月已经赚了多少利息等情况，告诉晓蕾在投资网络平台上操作非常方便，可以绑定银行卡转账和收利息。并说投资10万元以上可以成为一级股东，5万元以上是二

第四章 财物防诈篇 | 远离"诱饵"，谨防被骗

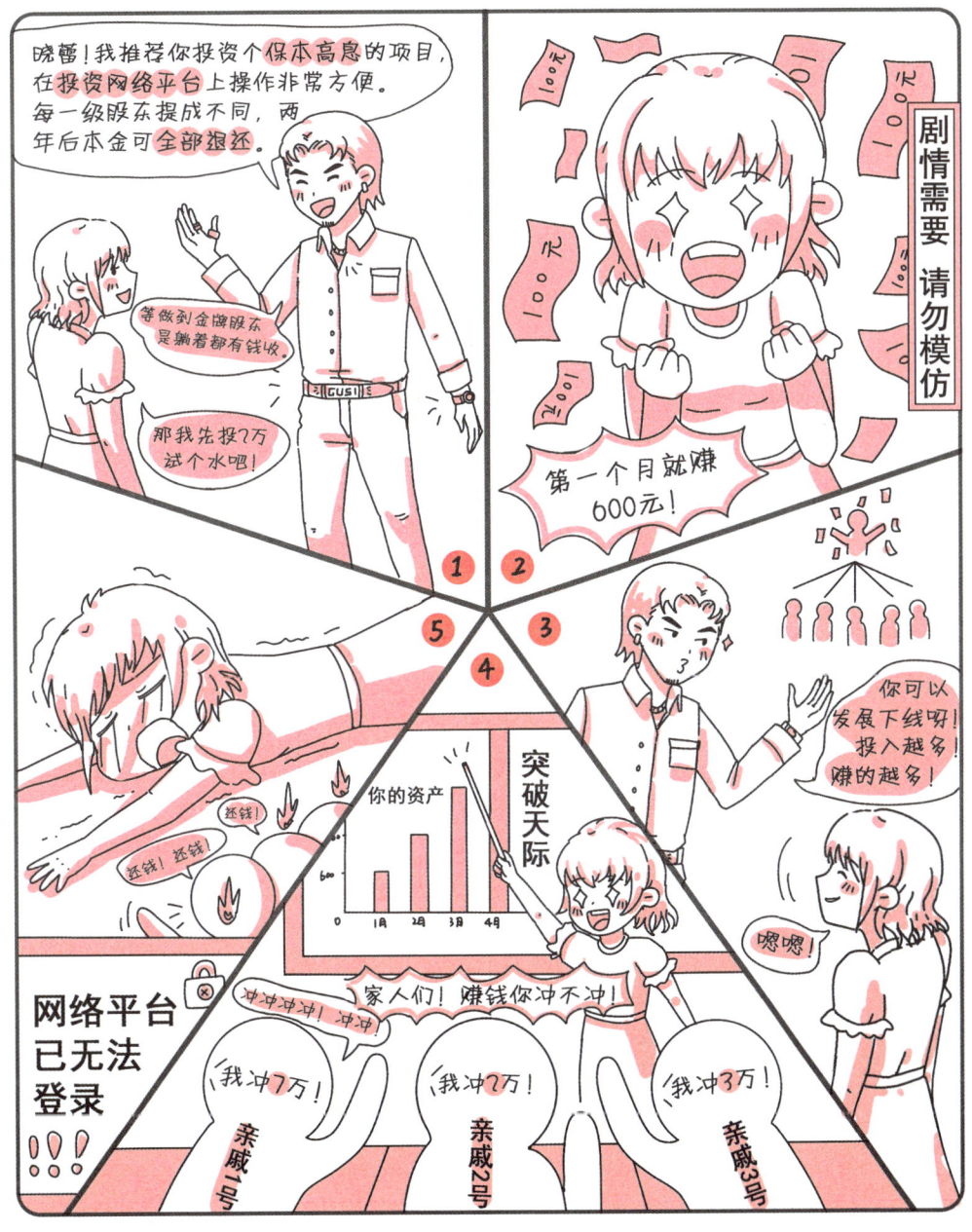

级股东，1万元以上为三级股东；每一级股东提成不同，越往上越高，两年后本金可全部退还，等做到金牌股东位置基本上是躺着都有钱收。

在这样保本高回报诱惑下，晓蕾投入了2万元，第一个月利息提前支付，就有了600元收入，然后小王开始积极让晓蕾发展下线，晓蕾的朋友都刚刚毕业没有什么钱，于是她发展亲戚加入，然而第二个月开始，当晓蕾发展了三个亲戚共投入12万元后，利息无法收到，网络平台也无法登录了。

截至案发，晓蕾以及她发展的亲戚下线还有近10万元无法兑现，而小王除了自己金钱损失之外，还因为被太多人寻找问责而躲起来不敢见人。

亲爱的女孩，学习理财的第一课就应该学习如何避免被骗、被割韭菜。"保本高息，轻松投资就有回报"是这类非法集资或者集资诈骗案件中不法分子最常用的一种手段。这类非法集资活动在网络上打着各种诱人的广告，常常采用直销的模式，致使被骗的人呈几何倍数增长。

自己的亲人、朋友最初参与，或许并不是存心想骗你的压岁钱，但在高额提成和回扣的利益驱动下，也会把身边人拉下坑。那在学习理财的过程中，我们应该对这类事件有些什么样的了解和警惕呢？

检察官妈妈支招

我在办理常见的非法集资和集资诈骗类案件中，发现这类案件有这样的一些特点：一般涉案被害人都非常多，年龄从十几岁到几十岁都有，线上线下相互交织，而高额回报和拉人头几乎是最突出的特点，这类金字塔骗局的鼻祖就是"庞氏骗局"。

所谓"庞氏骗局"就是找一个"借口"（这个借口通常就是某个项目或产品投资有高额回报），来吸引当事人，然后利用新投资人的钱来向老投资者支付利息和短期回报，以制造赚钱的假象，进而骗取更多的投资。

几乎所有的非法集资和集资诈骗类案件都是变换了各种各样"马甲"的"庞氏骗局"，预防这类骗局，我们要提高以下几个意识：

第一，请对任何形式宣传"高额回报"的投资保持高度警惕性。 不论这个宣传是来自网络还是你身边的人，包括熟悉和不熟悉的人。

真正投资就能够赚钱的方式，其实从人性的角度来说，是需要保密的，

这么极力推广，人人都可以投资赚钱，那从市场供求关系上来说就是不赚钱了。因为所谓赚钱最轻松的方式基本上都"写在刑法"里了。

第二，以广泛地拉人头的方式进行投资，就是骗局。金字塔式的骗局要让旧的投资者呈现赚钱的假象来吸引新的投资人，必然四处宣传要求更多的人、更多的钱投入。当一个投资赚钱的宣传渗透到连一个未成年人的几万元压岁钱都成了争取的对象时，那基本上可以肯定，你是处于金字塔的底部，是要被割掉的韭菜。

第三，"保本加高额回报"可以肯定就是骗局，因为这在任何经济活动中是不可能同时存在的悖论。不论什么样的承诺保本，都是为了把你这个"本金"先骗到手。只要这个所谓保本的"本金"到手了，那基本上骗局也就达到目的了，至于"高额回报"那就是能拖就拖，一直拖到骗局曝光为止。只不过等到骗局被拆穿，为时已晚。

因此，只对于线上线下关于"高额回报、超高受益"的投资都要保持戒心，对于诸如各类私下推荐股票、释放内幕消息一定谨慎再谨慎，切记不要向陌生人账号汇款转账。

第四，理财是一项能力，需要学习，需要我们先掌握一定的理财知识后再去尝试。 既然是尝试，那成本就要控制在自己可承受的范围内，在一定的预期之内，而通过"亏"在实操中继续学习。没有学习和积累，人云亦云，不是投资，是投机。

投机其实就是另外一种形式的赌博，赌博的危害我们都知道，而对投机的危害往往认识不足。其实只要我们对人性中的"贪"字保持警醒，就可以避开绝大多数的投机骗局。这个时候，相信你对把自己攒了几年的压岁钱是否投到堂舅介绍的项目，应该有自己的答案了。

3

网购客服要我提供账号验证码给对方才能退货退款，怎么辨真伪？

女孩的小心思

我和家人都喜欢"双十一"购物。这天，我收到了一个很奇怪的快递，里面的东西不是我买的，但地址和电话却是我的。我正纳闷呢，有个电话打进来说快递寄错了，让我按照快递单上面的地址帮忙把货退了。

接着有个快递客服加我微信，说要拿寄错的快递，让我先填资料，然后他在微信上发了一个链接，让我点开链接填资料，他明天过来拿件。

点开链接，里面要求实名认证填写手机号码，然后快递客服让我按要求绑定银行卡支付快递费。他会先把快递费用通过微信转给我，一会儿他还真转了18元快递费。在操作过程中，快递客服要我把验证码发给他，点击完成就可以了。

我正准备发验证码的时候，他问了一句我绑的银行卡余额有多少，当时我的心里"咯噔"一下，就没发验证码。这客服干嘛问我这个问题？而且整个过程都觉得挺奇怪的。

亲爱的女孩，首先要恭喜你没有发出验证码。这样的骗局欺骗性很强，许多人已经上当受骗了，这类案件近年逐渐多了起来。

我身边的朋友也有上当受骗的经历，那骗子是利用什么来达到骗钱的目的呢？先听我讲讲这个案例。因为这类骗局是随着网络购物发展、网络支付的便捷应运而生的，所以其针对的对象不分男女老幼。

朋友颜红（化名，女，26岁）在一次网络购物中，所购买物品有安全隐患，在和卖家沟通退货索赔事宜时，加了店铺客服人员的微信，说是通过微信沟通退款事宜方便。在这个过程中，卖家客服很热情，愿意赔偿，只不过赔偿金额要走另外一个程序，然后就发了链接过来，让颜红填写。颜红点击对方发过来的链接填写了个人信息资料，因为需要转账，所以也填写了相关银行卡资料。为了拿到赔偿金，颜红就这样一步步按照对方的要求填写。

最后一步为了消除颜红疑虑，还先转了10元钱到账户，让颜红查收确认。颜红确认收到10元后，对方继续转账，但是编造了一个理由要求颜红发送刚刚收到的手机验证码，颜红发送验证码之后半小时，查询银行卡，发现卡内余额1万

检察官妈妈写给女孩的安全书

元多不见,只剩下余额0.1元。

这个时候,颜红才醒悟:对方先转10元其实就是一个幌子,目的就是消除被害人的戒备心,当把验证码发过去后,对方马上操作转走了银行卡的余额。

虽然颜红到公安机关报案了,但案件没有侦破,钱也无法追回。

这个时候,你是否还在疑惑骗子是在哪个环节骗走钱的?我们需要了解这类骗局哪些共同的特征,才能更好地进行防范呢。

检察官妈妈支招

在网络购物过程中，诈骗分子可能会冒充小店客服、快递员、平台客服等身份，只要是网购涉及的整个流程的工作人员，都有可能被冒充。

首先，我们需要了解这类诈骗案件的一般流程，知己知彼方能有所防备。 诈骗需要编造事由，事由通常和商品交易相关，比如交易不成功、订单异常、商品缺货等各种事由需要联系当事人。在这个协商过程中可能出现需要退款、退货、重新支付或给予赔偿等，然后以这些理由添加当事人的微信、QQ 等网络社交账号，这对诈骗分子来说是要完成的关键第一步。因为有了当事人的网络社交账号，才能更加方便发送链接、二维码等，下一步就是诱导当事人点击链接或扫二维码。

反诈宣传这么多年，一般人都有一定的反诈意识。在诱导当事人填写相关银行卡资料时，诈骗分子还采取一些动作消除当事人疑虑，比如

颜红被骗，对方主动先转10元的行为，就是为了让受害人相信这是真的退款。

当事人的疑虑完全消除后，接着就是按照引导指示点击链接，一步步按照网页显示要求填写资料。最后一步，只要取得了网络支付的"验证码"，一般情况下诈骗就得逞了，所以对涉及网络支付的"验证码"，我们一定要保管好，不要轻易告诉他人。

其次，牢记反诈宣传经常提炼的关键语句，有效帮助我们防范诈骗。这些宣传的关键语句，其实就是诈骗分子需要完成诈骗的关键步骤。比如：警惕"好心卖家"或者"客服"退款，不要随意点击或扫码他人发送的链接；不要直接在链接网址上随意填写个人信息；不要泄露银行卡号、验证码信息，一定要保管妥当。一些银行和平台也经常宣传：任何情况，我们客服都不会找您要验证码的。这些其实就是防范的关键点。

再次，在我们确实需要和对方协商有关交易问题的时候，需要注意的是，尽量自己在购物平台的店铺与客服商量好，然后走平台的退货退款渠道，比较有保障。不要点击对方发过来的链接，官方客服只会在官方客服平台来服务客户。

购物平台也有它公布的官方号码和客服，当有所疑虑时，一定要自己打电话或者联系官网核实，不要按照对方发来的信息和链接方式去联系。

最后，务必牢记：支付账号的"验证码"非常重要。平台服务大众，需要保障每个使用者的安全，而验证码就相当于你家大门的钥匙，当你把验证码给别人的时候，就是把开门的钥匙给了别人。

偶像粉丝群免费给粉丝发福利，真有这么好的事情？

女孩的小心思

正在用电脑上网课的时候，QQ群上弹出了加入天王粉丝群邀请。于是我点了进去，一看原来真是天王内地片区的粉丝团，团长正在发福利，说发红包返利，发得多，可以得到天王签名海报，最让人兴奋的是还可以得到和天王合影的机会，而且团长还说保证返利比红包金额大。

我所在的地方是一个小城市，这样的机会不多，要是能抢到这次机会就好了，不过需要参与发红包返利活动才可以得到。明天妈妈说带我外出，网课用她的手机上，那我是不是可以用她的微信登录加入天王粉丝群参加发红包返利活动呢？

青春期的女孩喜欢明星，和朋友一起追星是一件很正常的事情，但我们要防范有人利用我们喜爱偶像的心理来诈骗我们的钱财。曾经听同行讲过他们办理的这么一个案例。

小雨（化名，女，14岁）喜欢明星谢天王，追他的剧，听他的歌，也加入了本地的一个粉丝团，在群里经常看到粉丝和天王晒合影，很羡慕她们可以有这样的机会。

一次有个自称片区粉丝总团团长的人邀请小雨参加应援天王的活动，活动是应援天王新剧发布会，根据参与应援的金额不同，可以得到天王签名海报、和天王合影、参加天王新剧首映式等不同福利。

小雨看到只要应援100元就可以得到天王签名海报，这么好的机会，于是扫码参加了这个群并添加了团长的微信。

随后团长开始私聊小雨，告诉小雨可以参加发红包返利活动，有58元返利88，有108元返利168元，1238元返利1888元……并且金额越高返利越多。小雨将信将疑，然后先试了试最小的红包58元，果然团长返利88元，又试了一次又返利88元。小雨非常开心，相信这个活动是真的。

第四章 财物防诈篇 | 远离"诱饵",谨防被骗

　　然后团长开始让小雨追加发红包，并编造理由 58 元红包名额已经被抢完，编造 1238 元红包的福利更加诱人，诸如可以和天王后台合影、送签名等，一直诱导小雨追加发红包，口头承诺到一定金额后一次性返利。一直到小雨把妈妈手机余额两万多元全部发完后，被对方拉黑删除，而诈骗过程前后也就一个小时左右。

　　最后小雨报案的时候陈述说，当时她发出了共计 5000 多元红包后，很害怕妈妈发现骂自己，虽然有点怀疑，但对方一直承诺继续发红包就可以最后一次性返利，加上之前对方确实返过两次利，心存侥幸，不愿相信对方是骗子，一直到余额 2 万多元被骗完才醒悟。

　　诈骗分子常常利用青少年追星的热诚设置圈套，组建各个城市之间的粉丝团，冒充粉丝团的组织人员，来组织粉丝所谓"应援捐钱"支持偶像。在现实生活中，不单单诈骗分子会利用套路来骗钱，粉丝团的实际组织人员也会诈骗粉丝的钱财。网络上就曾经曝光过某个明星的粉丝团组织人员，打着明星偶像的名义要求粉丝应援捐款达一百多万元，之后卷款潜逃的案件。

　　我们在追星过程中，该如何预防被套路呢？

第四章 财物防诈篇 | 远离"诱饵",谨防被骗

首先,在追星过程中要做到有效防范被诈骗钱财,需要我们能够做到理性追星。对于明星喜欢而不越界,既然是明星,那肯定是和我们的实际生活有一定距离,而距离产生美。并且我们需要认识到这个美,有部分是我们自己的愿望投射到这个明星身上而产生的,并且随着年龄增长,你会发现喜欢的明星也在变化,因为我们的认知不同了,吸引我们的闪光点也不同。

两三岁的小朋友喜欢的偶像可能就是动画明星比如美羊羊、迪士尼等的动画人物,你可能会觉得那很幼稚,但你可以试着想想自己从小到大的喜欢过的明星有多少个?有哪些变化?相信你就明白了,我们不同时期喜欢的人是变化的,喜欢的特征也是变化的。认识到这个变化,在对待追星这件事上,就有了比较坦然的心理。

其次，我们需要了解一些诈骗分子针对青少年追星诈骗钱财的套路，以及他们会利用青少年的哪些心理特征。

参加偶像明星的粉丝团，互相交流听歌看剧的感想很正常，但对涉及财务的任何活动要保持高度警惕。粉丝团团长也好、诈骗分子也好，常常利用的第一个粉丝心理，就是对明星的喜欢。他们往往煽动粉丝对明星表达喜欢，鼓动粉丝假如对偶像是真爱，就要捐款或者购买性价比极低的明星纪念物品等。

利用的第二个粉丝心理是期待。他们承诺粉丝可以和明星见面或者合影留念，勾起粉丝要付出的愿望，而所谓的付出肯定是和钱财相关，包括发红包、应援捐款、认购纪念品或者虚拟形象等许多方式，但万变不离其宗，最后都是需要付款。

利用的第三个粉丝心理是担心和害怕。利用粉丝不敢告诉父母的心理，煽动粉丝瞒着父母来进行转账等操作，并控制节奏，饥饿营销，比如纪念品马上就售完了，福利只剩最后两个名额了，活动马上就结束了，等等，利用青少年原本就担心、害怕的心理，制造紧张和希望交织的气氛，让青少年赶快付款。而一旦完成付款，诈骗就完成了，钱款很难追回。

针对以上心理和套路，我们预防追星被骗的最好方式就是在自己经济能力范围内追星，在需要额外支出追星有关费用的时候，和父母商量，争取父母的支持，理性平和地追星。

不需要提前付款，盲盒礼物快递到付，是怎么骗到钱的？

女孩的小心思

看到网上有一个优惠活动，1元抢价值99元到999元的盲盒礼物，只需承担邮费即可。

图片上有手表、手链、项链、玉石等多种礼物，每个图片下面标着的价格从99元到999元不等，只需要点击链接拍下礼物就可以了，我心想：再怎么骗，1元也骗不了什么。出个快递费，收到盲盒中任何一个礼物都赚啦。

于是我拍了一个盲盒礼物，然后把这个好消息告诉表姐。谁知道表姐笑着告诉我："你被骗啦，最好拒收快递。"我问表姐怎么一回事，表姐还卖起了关子，反倒说："反正你已经拍了，不信，到时候你收到快递就知道了，虽然骗得不多，但也是被骗了。"

有人花这么大成本骗1元钱吗？这是怎么回事？

亲爱的女孩，其实不止你疑惑，许多人都很疑惑。一个礼物从99元到999元不等，即使把礼物价值打个五折，加上快递费，自己估算一下，也想不出诈骗分子是怎么骗到钱的。

其实最开始我也不太明白，直到有一次外出学习，和同行们讨论案件，才弄清楚诈骗分子的手段。我们在讨论网络电信诈骗案件对于找不到被害人但有其他证据的情况下，如何认定犯罪数额这个问题的时候，其中一个同行介绍了他们办理的一个案件，就是盲盒礼物到付诈骗案件。

这类诈骗都是团伙作案。犯罪嫌疑人郑某峰、谢某飞、谭某锐、叶某天（均是化名）纠集在一起，商议怎么骗点钱又不被抓就好了。其中一个人提出小额诈骗的建议，利用叶某天的快递公司，小额诈骗被害人的钱。他们认为被害人即使发现自己受骗了，也就一百几十块钱，一般也不会去报案，即使报案，也是分布在全国各地，距离远，也不用担心被抓获（当然，他们想错了，还是被抓获了），所以一拍即合。

由郑某峰、谢某飞设计网页，在各平台申请发布，由谭某锐购买5元以内的假冒伪劣小商品，冒充贵重物品，标价都在原价格的100倍以上。

| 第四章 财物防诈篇 | 远离"诱饵",谨防被骗

　　他们利用社会上人们一般都会接受到付快递费比普通快递费高这一情形，把礼物设置为0元拍，或0.1元拍，说明只要支付到付快递费就可以收到超值礼物，并特意说明这是厂家以这种方式来宣传，让利消费者等，让人相信，反正也就出个快递费，吃不了亏。

　　郑某峰、谢某飞、谭某锐、叶某天第一个月就发出1万单盲盒快递，实际发出每单盲盒成本不超过10元。到付快递费第一个月固定29元，第二个月开始，为了诈骗更多钱财，诈骗分子根据盒子大小来定到付快递费用，把盲盒礼物到付邮费设置为29元到99元不等，一直做了八个月才被警方一举抓获，总共诈骗数额接近200万元。

　　这个诈骗团伙之所以可以猖狂作案达八个月之久，其中一个原因，还真的是大多数被害人没有及时去报案。

　　诈骗分子在网络上，把盲盒礼物图片拍得很漂亮，设置各种理由吸引人注意，对人充满了诱惑力，还直接告诉你，成本低，骗不了你什么，试试就说不定得到盲盒大奖！充分利用人贪小便宜和博彩的心理，广撒网进行诈骗。

　　所以，亲爱的女孩，你的表姐说，最好拒收快递盲盒减少损失，是正确的。那么，在我们了解了这种骗局后，如何提升我们的防骗能力呢？

诈骗案件中,骗局各式各样,幌子数不胜数,但骗子能够得手的原因,绝大部分是利用人性中普遍的趋利避害的心理。比如冒充"公检法"诈骗,冒充熟人、领导诈骗,诱惑粉丝购买福利,

冒充客服退款,等等,利用的都是人们趋利避害的心理。

当我们能够控制住贪小便宜以及一些不必要的担心、恐惧心理时,就能极大减少被骗的风险。

首先,我们先聊聊诈骗分子是如何利用人们"趋利"中"贪便宜"的心理来诈骗的。 诈骗分子设置的所有"便宜"都是诱饵,这个诱饵有的是广撒网,有的是在非法获取了个人信息之后抛出比较精准的诱饵。这有点像钓

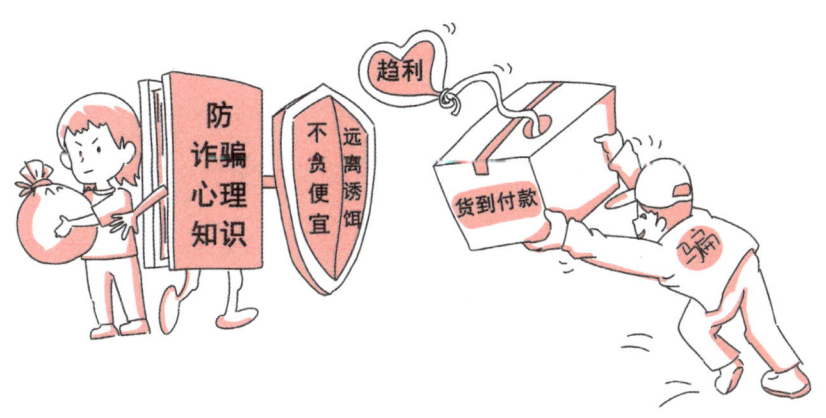

鱼，诈骗分子相当于是钓鱼者，都希望鱼儿上钩，会在鱼钩周围撒下鱼饲料，吸引足够多的鱼来到伪装着鱼饵的鱼钩周围。当很多鱼被吸引来到鱼钩周围时，装有蚯蚓或者虾米的鱼饵会特意活动起来增加吸引力，这时候只等鱼咬下鱼饵上钩。

这个过程其实也比较形象地体现了诈骗分子和被害人之间的互动过程。

有时候，诈骗分子会特意投放一些看起来比较弱智的"诱饵"，为什么会这样呢？很多人一看就会识破骗子用心的广告，还是会吸引到一部分人，这种情况其实是诈骗分子故意为之，因为这样就过滤掉很大一部分有一定防骗意识的人，而能够被这类"弱智诱饵"吸引住的人，更容易被后面的步骤吸引，也更容易被骗，实际上是增加了诈骗的成功率，降低了诈骗的成本。

诱饵可以根据不同人群的需求而改变，可能是最简单的金钱方面的优惠，也可能是给到你想要的福利，也可能是根据非法获得的关于你的个人信息而定制的……

亲爱的女孩，相信这个时候你已经能够明白，只有我们相信一分耕耘才有一分收获，不占便宜，自我隔离"诱饵"，自觉远离"诱饵"，才不会被骗。

其次，我们再聊聊诈骗分子是如何利用人们"避害"中过度担心害怕的焦虑心理来诈骗的。避害是人们一种普遍性的心理特征，但我们在产生避害心理时，一般需要有个前提条件，就是我们要能够感知到有这个"害"的存在，而诈骗分子就需要提前预设好，在我们面前制造一个关于"害"的存在。

既然这个"害"的存在是诈骗分子虚假制造出来的，那肯定会有漏洞，时间一拖长漏洞就会显出来。为了让我们相信一个虚假"害"的存在，那肯定接下来会制造紧急状态，可能会是直接催促，也可能会是"再不行动损失更大"的信息。这个时候，我们只需要暂时停下来，再去核实一下，就能有效防止被骗了。

第五章
信息安全篇

学会保护个人信息

1

同学说借我身份证注册一个账户，能借吗？

女孩的小心思

昨天有个同学说想借我的身份证用用，她在一个网站申请一个账号，需要填写实名身份证号码，我问她什么网站，她只是模糊回答我说："没啥，就是一个卖二手物品的网站，需要实名填点资料。"并且她说电话号码会填自己的，其他手续不用麻烦我，就只用个身份证号。我有点疑惑，推脱说身份证不在身上，号码自己不太记得，等明天吧。

自己有点担心，但碍于朋友的面子又不好意思拒绝，很纠结，怎么办？

亲爱的女孩，首先表扬你有很好的警惕意识，当你纠结是否把自己的身份证借给他人使用时，足以证明你对保护自己的身份信息有一定认识。

身份证是一个人重要的身份凭证，我们生活的方方面面都离不开身份证。一个人的身份信息会附加记录我们的信用，也会绑定以后我们学习、生活的各个方面。身份证号假如被其他人乱用，会有什么后果呢？先听我讲一下自己身边的一位朋友身上发生的案例吧。

朋友的女儿小叶（化名，18岁）经过半年辛苦努力，符合了一个鼓励创业项目的优惠条件，然后向银行申请专项贷款，但被银行拒绝了贷款申请。原因是银行经查询，发现小叶名下有张已注销的信用卡，有二十多笔小额款项逾期归还的不良信用记录。而小叶之前自己没有用过信用卡也没有借过款，怎么会有不良信用记录呢？

后来小叶才想起来，两年前，自己曾经把身份证借给一个朋友小龙（化名）在网上办过一张信用卡，验证码也是自己发给这个朋友的，这张信用卡一直是小龙使用，后来小龙离开时就注销了，当时没有发现什么问题。注销手续还是自己协助办理的，因为信用卡要求还清款项才能注销。

第五章 信息安全篇 | 学会保护个人信息

没想到原来小龙在使用信用卡的过程中，经常是逾期还款，这些信息是记录在小叶的身份信息之下，金融系统默认是小叶的不良信用记录。因为这个原因，小叶的贷款申请无法得到审批，并且小叶是直到自己需要去银行办理业务时才知晓。

虽然信用卡已经还款并注销了，但银行说这个不良信用记录的影响五年后才消除，五年内小叶去办理银行信用卡、贷款等业务，一般都会被拒绝。

这个时候，小叶才认识到当初自己不假思索就把身份证借给朋友使用是多么草率。

身份证号是识别我们每个人身份的凭证，网络上许多认证是根据身份证号做实名认证，去确认我们的个人行为。

作为未成年人，身份证仅仅应该只限于自己使用，而不应该借用他人的身份证信息。亲爱的女孩，对于朋友想借用你的身份证号，我的意见是：拒绝。

借给他人使用身份证更大的风险是，在网络上，我们的身份证信息还有可能被别有用心的人甚至被犯罪分子盗用。

在网络上，如何保护我们的身份信息呢？

| 第五章 信息安全篇 | 学会保护个人信息

第一，朋友之间互相帮助很常见，但帮助的边界是自己知道这么做的**具体责任和风险是什么**。在经过评估认为自己可以承担的情况下再帮助朋友，当我们还不确定风险在哪的时候，都应该拒绝。所以第一点请谨记，身份证号不要随便借给他人使用。

第二，当你无法判断是否该借的时候，请在借出去之前，先征求父母的意见。 未成年人办理了身份证，是为了我们生活中的一些需要，比如出行需要、报考考试等，我们还不具备完全民事能力，一些涉及经济财务等社会活动包括网络上注册认证等手续，都需要我们的父母监护或者确认。

第三，在网上注册账号，请谨慎，不要随便填写自己的实名身份证号码等信息。网络上有许多 App 会违规搜集个人重要的身份信息，然后打包售卖给他人。当我们遇到需要填写重要个人身份信息的情况时，需要留个心眼，反复确认一下这个事项是否有必要提供身份信息。必要提供的情形一般和我们现实学习、生活息息相关，比如考试报名、官方一些防疫需要等。

假如遇到和我们现实生活、学习没有联系的一些网站或者链接弹出来，要求我们必须填写身份信息才能继续，这个时候有必要停下来，不要填写，否则将存在很大的个人信息泄露风险。

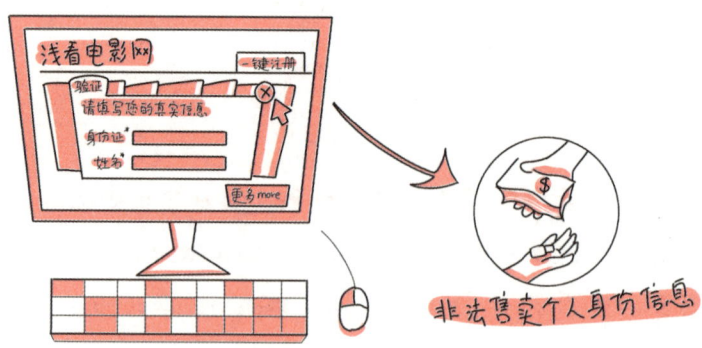

一点开链接，马上就黑屏了，这是怎么回事呢？

女孩的小心思

我用妈妈的手机登录 App 上网课，休息的时候，有条信息说，免费尖子生课程体验包已经到账，明天中午12点之前登录领取有效，过期作废，后面跟着一个链接。我以为妈妈给我买了上次说的那个课程，于是点击链接看看，然后出现一个界面，直接手机登录，发了一个验证码，我照着填了后，发现妈妈的手机突然就黑屏了，怎么回事？

后来，妈妈把我骂了一通，然后把手机拿去外面的手机专卖店才修好，但妈妈说手机上的照片、文档以及通讯录等资料都没了，又把我骂了一顿。

这个链接是什么？怎么这么奇怪？

亲爱的女孩,你这次点击不明链接,庆幸只是造成了你妈妈手机的黑屏。曾经有这样的案例,点击这些不明链接直接导致银行卡被盗刷,损失很大。

陆女士(女,26岁)平时开车上班,有一天收到一条短信,内容大概是,提示她的车几月几号在什么地点压实线违章,信息上有她的车牌号码,提示她登录网页网址的链接办理违章处理。

而她自己不记得开车是否压了实线,后来又想了想,有点印象好像有压过实线违章的情况,认为可能是自己违章被拍了。于是点击链接,看到和之前用过的违章处理 App 一样的界面,没有任何怀疑,就按照网页界面上的提示,查询违章情况并进行违章处理。

在准备处理违章的时候,弹出了一个界面,提示系统升级,要求重新绑定银行卡,于是陆女士按照界面提示,一步一步填写实名认证资料,绑定了银行卡,在支付有关环节,提示需要填写验证码,过了一会儿,又第二次提示填写验证码,陆女士按照要求填好,按确认支付。

第五章 信息安全篇 | 学会保护个人信息

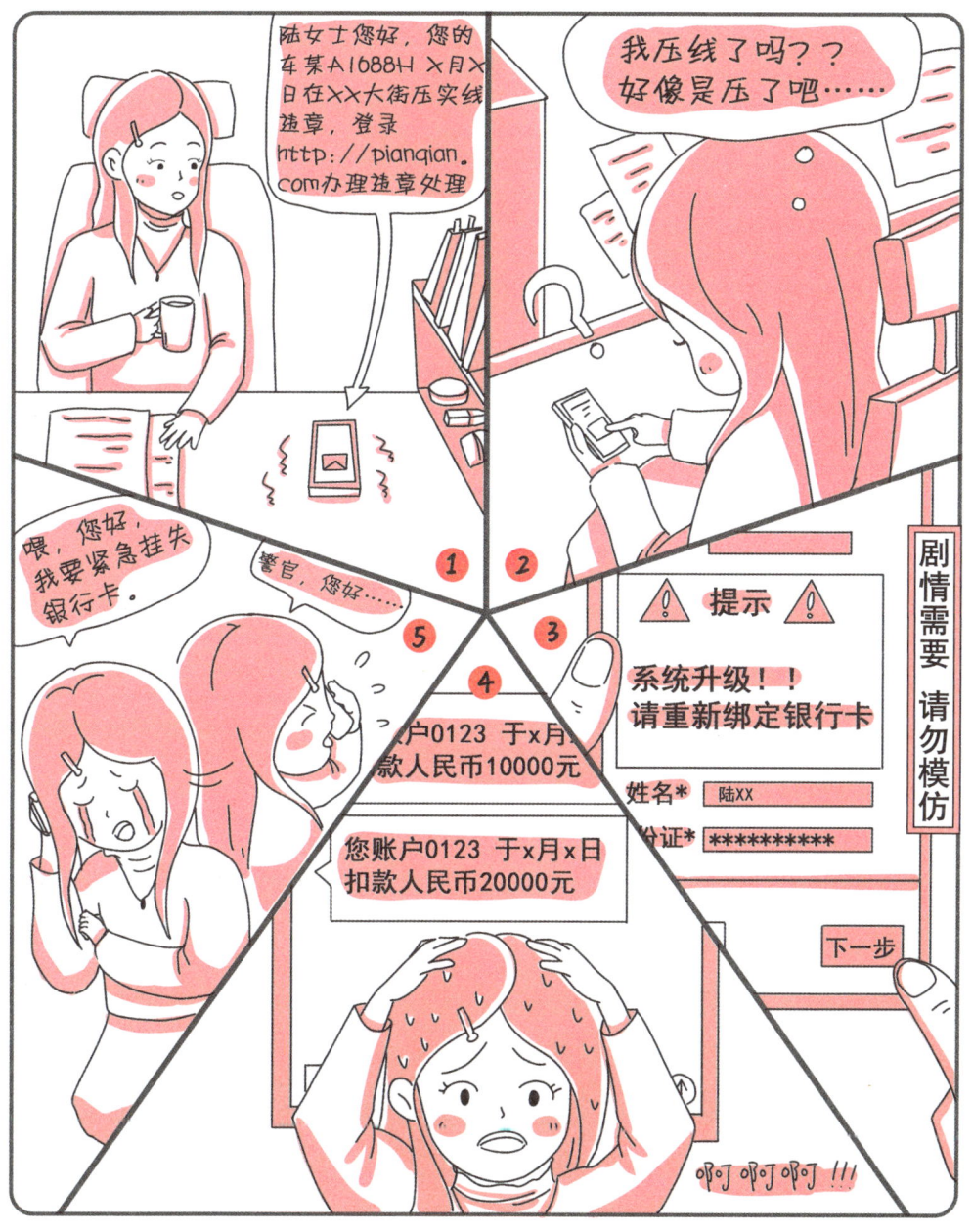

不一会儿,传来银行扣款信息,陆女士一看,不对劲,怎么不是常规扣200元,而是扣了10 000元,过了一分多钟,又传来扣款20 000元的信息。陆女士慌了,还是旁边的朋友提醒她马上打电话给银行95开头的官方电话,紧急挂失银行卡,才避免了更大的损失。

之后,陆女士虽然向公安机关报了案,但钱一直无法追回。

诈骗分子是如何利用这些网页链接诈骗的呢?

诈骗分子利用非法群发信息设备向不特定的人群手机广泛发送诈骗信息,在信息里面的链接点开其实是一个钓鱼网站,而这个钓鱼网站会做得和正规网站很相似或相同,直接诱导被害人在网站上填写相关事项资料,但实际上是套取被害人的有关银行卡、电话、身份证等信息,获取后会进一步诱导被害人提供银行卡绑定手机的验证码,对大额转账汇款的需要二次验证码,会重复相关步骤。

另外,发信息连带不明链接的也可能是伪装木马、病毒的链接,目的可能是盗取手机或电脑的资料等等。

利用群发信息带不明链接的骗局,编造的事由各不相同,核心点基本上都是诱骗被害人直接点开链接,才可实施下一步。

那这类骗局该如何预防?

首先，对任何方式接收到的不明来历的链接都不要点击。包括短信、微信、QQ、网络购物平台联系方式等，任何不明链接，都不要点击，也不要回复。群发垃圾短信是诈骗分子广泛撒网用于钓鱼最常用的手段，因为几乎没有成本。

其次，诈骗分子还会通过非法渠道获得普通人一些信息，这类属于定向撒网、精准诈骗，受害人往往比较容易上当。在这里特别提醒，诈骗分子会想方设法要求添加联系方式，比如会先在正规平台要求你添加微信、QQ，扫二维码等。切记，一旦加了私信，在私信上发的链接要特别小心，不要直接点击。假如需要办理业务，特别是涉及支付资金的情况，要登录官方平台。

最后，特别需要注意的是，对于要求索要验证码的情况，一定要高度警惕。对于收到要求填写验证码的信息，一定要仔细看一遍，分辨清楚具体内容和情况，因为验证码是保护个人资金安全最关键的一道屏障，切记不可转告、转发任何人，一旦转告和转发就相当于你把家里大门钥匙给了人家，其重要性可想而知。

3

打开定位，就可以找到附近好朋友，风险在哪里？

女孩的小心思

新冠疫情暴发后学校暂时不开课，让我们在家用手机或者电脑上网课，同学们很少聚在一起玩。闷在家里很无聊，真想找朋友出去逛逛，喝杯奶茶都好啊。

上次玩游戏的时候，朋友让我打开定位，然后发现有两个居然在同一个区的，离得很近。那我把定位打开，看看附近有无认识的朋友，约出去逛一下，岂不是很方便？

我们的手机有定位功能，这个定位功能给我们的生活、学习、交友带来了许多方便。但是我们在运用这个功能的时候，不可不防坏人也会使用这个功能来寻找作案的时机和对象。曾经听同人讲过这么一个案例：

　　这是一起绑架案。犯罪嫌疑人沈某（男，32岁）知道被害人孙某（女，28岁）在一家金融公司上班，平时都是名牌高消费，看起来很有钱的样子，于是起了歹心想绑架孙某获取钱财，但苦于对于孙某的平时生活规律不是很了解，一直没有下手。

　　后来沈某结识了梁某（男，29岁），梁某对电脑、手机等使用都很在行，提出先搞到孙某的电话号码，看看能不能诱骗孙某出来，但未能成功。后来又以快递员身份获取了孙某的微信。

　　梁某通过发送快递链接诱骗孙某点击，窃取了孙某手机中一些个人信息资料，并利用手机定位功能掌握了被害人孙某的日常生活规律，知道孙某周一到周五晚上一般都是在西边的公园跑步，于是沈某和梁某在某一天晚上孙某锻炼的时候绑架了她。

　　后来向孙某家属勒索50万元，孙某家人报案，幸运的是，在公安机关和孙某家人配合下，抓获了犯罪嫌疑人沈某和梁某，解救出了孙某。

| 第五章 信息安全篇 | 学会保护个人信息

被害人孙某事后才知道沈某和梁某是通过非法手段，取得了她手机定位功能记录的活动轨迹，摸清了她的生活规律，才找到机会下手绑架她的。这个时候，她才明白自己手机平时都是开着定位功能的，自己一个不小心，居然让犯罪分子找到这么大的漏洞。

我们现在使用的智能手机定位功能可以记录用户所在位置、时间段、活动轨迹，这些信息都是储存在手机中的。只要我们的手机开启 GPS 定位功能，即使用户不做任何其他设置，手机也会自动记录我们的地理位置等信息。

犯罪嫌疑人通过社交软件发布的信息或者植入木马程序等，都可获得目标手机定位信息。那我们该如何安全使用手机定位功能呢？

手机定位功能确实带给我们许多生活上的便利，不论是定位导航，还是网络交易等，都会用到定位功能，特别是出门在外，我们的日常生活几乎离不开定位功能。正因为定位功能的重要性，我们在使用的时候更应该注意安全使用要点。

第一点，平时常态下关闭手机定位系统功能，必要时开启。 虽然看起来这样开启—关闭、关闭—开启的操作有点麻烦，但这却是我们自己有效保护自己行动轨迹的安全措施。当然你可能提出反对意见，说手机使用的移动或联通的网络信号一样有我们的行程轨迹呀，但这是国家级别的网络运营商，其安全性能是可靠的。而保留在我们的智能手机中的定位轨迹信息安全性就降低了很多，不如不保存。

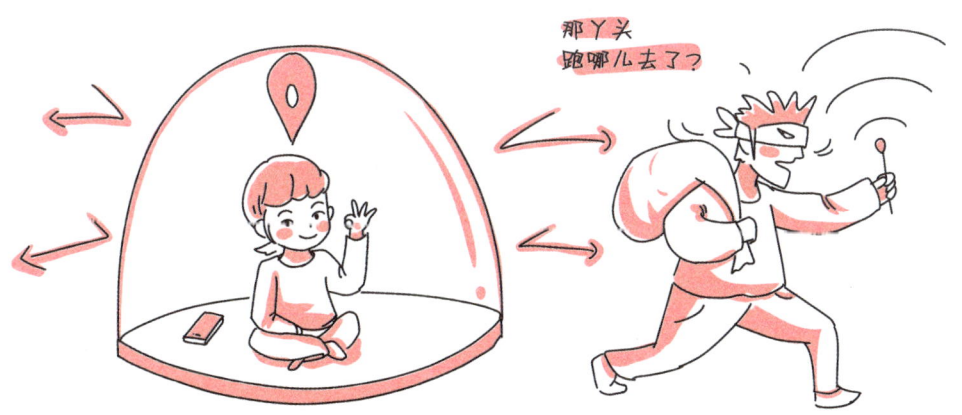

第二点，在任何社交软件功能中一定要开启好友验证功能，同时尽可能关闭"所在位置"和"附近的人"等功能。 智能手机相当于互联网的一个电脑终端，为了避免网络病毒的感染侵袭，尽可能安装正规防毒杀毒软件，并定期检查手机的安全性能。

第三点，当我们安装某个App或者应用软件时，在选择是否允许使用"定位"功能时，我们可以选择拒绝。 同时我们也可以在手机应用功能的"定位"，找到没必要应用使用手机定位功能的App，选择关闭，这样便可禁止该应用（App）使用定位权限，从而减少手机被定位的风险。

在开启和关闭的过程中，就把"定位"功能使用的选择权留在了我们自己的手上。个人行为轨迹也属于个人重要隐私信息，使用网络，要尽可能保护好我们个人安全隐私信息。

4

网站注册要采集人脸信息，我们该怎么做？

女孩的小心思

上次看到妈妈对着摄像头在摇头、点头、眨眼，我问她在做什么，她说使用银行 App 要求人脸识别，她正在进行人脸识别认证，认证后刷脸就可以识别，非常方便。

后来我在使用一款游戏的时候，也有人脸认证识别，然后我也学妈妈做了识别认证。

过了一段时间，我们小区的门禁系统也通知大家进行人脸录入，说以后不记得带门禁卡进入小区只要刷脸就可以了，非常方便。家里人都录了人脸，就哥哥说忙没空录，我问他为什么不录，他说他脸贵，不随便给人家录入。

后来我缠着问他为什么，他只是含糊告诉我，安全起见，没必要时不要随便录入人脸。真奇怪，这会有什么安全问题？

亲爱的女孩，你哥哥的安全意识很好，值得你学习。人脸识别系统确实可以给我们的生活带来许多方便，但人脸识别系统使用需要采集我们人脸生物学特征，并作为数据保存在系统平台里，这属于非常重要的个人信息，所以必须提高安全意识。

曾经发生过这么一个案例：

  这是一起案中案。诈骗分子通过非法手段获取了大量被害人比较精准的个人信息来实施诈骗。其中一个诈骗主犯潘某（化名，男，36岁）还涉嫌非法获取公民个人信息罪（《中华人民共和国刑法》第二百五十三条第四款之规定），而出卖公民个人信息的罗某华（化名，男，28岁）涉嫌非法获取计算机信息系统数据罪（《中华人民共和国刑法》第二百八十五条第二款之规定）和出售公民个人信息罪（《中华人民共和国刑法》第二百五十三条第三款之规定）。

  罗某华在一家软件公司当管护员，在帮助客户公司维护软件系统的过程中，有机会通过后台接触到客户公司的数据包。潘某通过中间人找到罗某华，提出用高价购买一些数据包。罗某华贪图高额利益，于是利用帮助客户公司维护软件系统的机

第五章 信息安全篇 | 学会保护个人信息

会，盗取了多家公司涉及公民个人信息的数据包，然后把这些数据包再转卖给潘某。

公安机关在搜集核实相关证据的时候，发现这些数据包里面有部分是人脸面部信息数据包，虽然这些数据包暂时还没用于其他违法犯罪活动，不过一旦泄露，被不法分子利用，后果同样不堪设想。

正常来说，人体生物学特征信息采集和使用都应该经过严格审批许可才可以收集使用。

根据我国相关法律规定，包括"人脸信息识别系统""指纹识别系统"在内的人体生物学特征采集识别系统主要属于公共安全技术防范系统（简称"技防系统"）。这种生物统计学防范技术因为和国家安全、社会安定和公民合法权益密切相关，所以技防系统设备、设施的生产、销售以及安装各个环节均需要严格审批许可，且使用人需要履行相关日常管理职责。

虽然我国对保护个人信息有许多措施，制定了各类法律规定，对泄露或可能泄露个人信息的行为进行了不遗余力的打击，但现实中总还是有些违规单位擅自安装、没有经审核验收、没有对采集的信息采取安全保障措施的情形，导致我们的生物学特征信息被泄露。

从个人层面而言，我们该如何在网络生活中做到有效预防呢？

| 第五章 信息安全篇 | 学会保护个人信息

首先，我们必须认识到人脸、指纹等生物学特征信息是和我们每个人高度相关联的信息，往往运用在一些重要的技防系统中。比如一些国有银行要求必须人脸注册识别才可以使用一些功能，这主要是为了提高我们个人账号的安全性。而且，单位使用采集人脸生物学信息技防系统，需要获得国家的严格审批许可。

国有银行提升安全性

其次，在网络平台中，我们要学会分辨哪些情形采集人脸或指纹等生物学信息是合规的，哪些可能不合规。上网注册账号或者下载App时，假如该软件提示要求采集人脸或者指纹等生物学信息，我们需要首先看看该软件的提供者是谁。假如是国家官方提供的，比如中国工商银行、中

国建设银行等国有银行提供的，那安全性能就是可以信任的。

假如是我们并不了解的小公司或者小平台提示是否允许采取人脸等生物学信息时，就需要特别慎重，看是否有必要，是否有其他替代选择。如非必要，尽可能不参与采集人脸、指纹等生物学信息的事项；如有替代，比如小区门禁可以选择门禁卡，那就尽可能不选择需要采集人脸、指纹等生物信息的方式。

网络购物，支付账号安全守则有哪些？

女孩的小心思

现在网络购物非常方便，我常常在网上购买衣服以及其他生活物品，还曾经以1元秒杀抢到了平时卖30多元一袋的纸巾，也会去抢一些优惠券，很划算。妈妈在我的带动下也开始网购了，不过她对网络购物不是很熟练，我只好叫她保管好自己的支付账号和密码，不要随便在网上填写。

有一次，妈妈购物时被一个假冒客服的人忽悠了，说买的货丢了给她赔偿，后来不但没拿到赔偿还被骗了2000多元。从此妈妈对网络购物很排斥，对我上网买买买也诸多唠叨，我该怎么才能和妈妈讲清楚网购支付需要注意哪些安全措施呢？

亲爱的女孩，你知道在网络购物中要保管好自己的支付账号以及密码，有一定的安全意识，值得表扬。但在网络购物中做到保护好支付账号、密码等个人信息还不够，我们还需要知道哪些渠道对于资金账户安全有危险，先听我讲个身边朋友在网络买卖交易中遭遇诈骗的案例，相信你会明白更多，也可以更好地和妈妈沟通。

小佳（化名，女，17岁）是一个网购达人，"双十一"更不会错过，购物节过后小佳就忙着收快递了。

一天，有一个客服电话打过来，直接讲出她的名字，然后询问她是不是在某宝某店家买过一个什么东西，这个包裹的订单号是××××。小佳刚开始接到电话时觉得是个陌生电话，还有一些警惕，但当对方把这些信息一一讲出来，小佳一核对，全部是对的，物品也是自己买的，包裹的单号也正确，然后小佳就相信了对方确实是店家的客服。

客服这个时候就开始说，不好意思，包裹在运输途中遭遇意外事件，丢失了。但因为当时小佳有勾选保价，所以店家可以按照包裹价格的三倍赔付，但因为保险公司这边有一些手续问题，不能直接退回小佳的支付账号，需要小佳在店家投保的这家保险

第五章 信息安全篇 | 学会保护个人信息

公司公众号上操作一下,填写银行卡,申请赔付,然后赔付的钱就直接打到小佳银行卡。

小佳刚开始对丢失包裹还有点不开心,但既然店家客服说有三倍赔付,那也就接受了。接着,对方就说他会以短信的方式发一个链接给小佳操作,假如小佳不会操作就添加客服137×××××××微信号,客服人员会教小佳操作。

然后小佳就开始按照对方的指示开始操作,点开一个界面后,果然发现是申请包裹赔付的界面,于是按照上面的要求填写资料,捆绑银行卡、电话号码,也按照界面要求发送了手机验证码,当小佳把验证码填写上去,不到两分钟,小佳的手机就开始收到银行扣款信息,连续两次被扣款6800元。

小佳这才意识到可能是遭遇诈骗了,连忙打电话给银行客服,要求挂失银行卡。

在这个诈骗案件中,诈骗分子因为提前通过非法渠道拿到了小佳的个人信息、网购信息,所以能够在电话里准确表述,目的也就是让小佳相信自己是真的店家客服。

在取得被害人小佳的初步信任后,就抛出三倍赔付的诱惑,而为了让小佳进一步上钩,需要被害人接受引导,点击指定链接,然后填写资料。小佳以为这就是正规的网站页面,但实际上这个指定链接是诈骗分子早已经准备好的钓鱼网站，当小佳按照"钓鱼网站"的提示填写完后，诈骗分子已经在后台盗取了所有资料。

这种骗局具有极大的欺骗性，因为诈骗分子在前期盗取了用户个人信息，后期根据用户个人实际情况来进行有针对性的诈骗，并且保障资金安全的关键信息"验证码"也不需要转发或者告诉假客服，而是直接在网站上填写，诈骗分子已经在钓鱼网站的后台取得了。

针对这类诈骗，我们在网络购物中该如何预防呢？

检察官妈妈支招

首先，我们仍旧必须做好个人信息的保护，不随便填写涉及个人隐私、个人资金账户等的信息。 当面对一个陌生人通过电话或者其他社交方式，问我们是否在网络上操作了一些行为，比如网络购物、购买机票、二手网站挂售物品等，我们要小心谨慎地询问对方什么事情，然后必须根据对方提出的事项进一步核实。

其次，必须登录自己原来的购物网络平台或者直接打官方电话重新核实自己的信息。 并且需要提醒注意的是，我们在网购、网络支付平台或者二手交易平台进行商业交易时，除了在前期选择正规网站之外，后期交易交流以及因交易产生的分歧包括退货、赔偿、保险、快递等，都要在平台提供的交流软

件上进行，千万不要贪图方便或者小利益而绕开平台私下交易。

因为在正规平台上和店家客服交流的作用是，当我们有争议的时候，可以直接要求平台作为第三方介入，另外我们因交易而遭受到的损失也是可以通过法律途径要求平台承担相关法律责任的。在正规平台上和店家客服交流，可以保障我们的合法权益，而绕开平台则得不到这份保护。

最后，需要提醒的是，诈骗分子冒充客服后，想要诈骗成功，就会想方设法绕开正规平台交易系统。最关键的一步是让被害人在交易平台之外点击对方提供的链接、二维码，目的就是避开交易平台监管。所以，切记不要点击对方提供的陌生链接，和也绝不扫对方提供的陌生二维码。

跋 祝女孩们都安全快乐成长

当"检察官"和"妈妈"这个两个词连起来后,作为女儿,你们可以想象我的成长经历该多么"刺激"。

记得上小学时,同学们的读物大多是完美的童话故事,女孩们都沉浸在如童话般美好的世界里,并对这个真实世界充满美好的想象和无限的期待。而我的检察官妈妈,却会同我绘声绘色地讲述她办理过的刑事案件——女孩被强暴,小朋友被拐卖等,而且都还很"真实、刺激"。对于当时的我来说,并没有能力捕捉到所有信息并判断它们是否正确。

我记得妈妈在她的第一本新书《因为女孩,更要补上这一课》的序言有句话:"作为一名检察官和一位妈妈,育儿过程中有关性教育的话题肯定少不了,我自己也踩过不少坑,同时,也吸取了不少经验教训。"

妈妈没有说假话,因为我就是那个掉在 "坑"里的女儿,妈妈也是在"可怜的我"身上汲取的经验教训。小学三年级暑假,我写了下面这样一篇日记,也算是检察官妈妈教育的"成果"之一吧。

妈妈让我去扔垃圾,我想:"万一下面有一个卖小孩的怎么办?或者更cǎn,被wā掉眼睛,被放进一个麻袋里丢进河里yān死。那些小孩都是因为自己出门而yù难的,我可不要像他们一样。"我看到lóu梯旁有好多垃圾,suí手一扔就走了。虽然很不好,但是我活着回来就很好了。

那时的我认为,身为女孩子就是不安全的,小孩子一个人出门是会被拐卖的。从那时起,我对这个现实世界的防备心便会比同龄人多出一分。或许就是因为多出的这一分防备,而避免了伤害,但也因为对外部世界保持着高度的警惕,某种意义上来说也缺失了一些对这个世界美好的向往。

不过好在我妈妈也是一位很会补坑的检察官，她曾自嘲是"补坑专家"，也幸亏妈妈后来成为"专家"，把我从"坑"里捞出来了。

在后来青春期的成长过程中，不同于平常家长日益增长的焦虑，妈妈更多的是跟我讲述这个世界所存在的美好，不断告诉我这世界并没有我想象的那么危险，试图唤起我对这个世界的憧憬。

她跟我说，这世界上不是每个人都是坏人，也是有很多好人存在的。在女孩十几岁的年龄，妈妈不可能永远在身边，假如遇到一些危险，女孩更应该学习如何辨别和做出正确判断，也就是要培养自己的自我保护能力。

随着我所经历和所知的事情越来越多，开始重新思考妈妈的教育，我也开始张开双臂，主动拥抱世界的美好。

如今我已经成长为一名大学生，在离家一千多公里的地方上学，妈妈也很放心。我可以自信地说，通过成长我具备了自我保护能力。

妈妈的"挖坑补坑"教育，路途坎坷，并不是我说得那么顺利，不过好在最终让我长出一双坚实的"翅膀"，能正确判断危险，拥有自我保护的勇气和能力。我可以自信地说，针对不同的情况，我可以做到明辨是非，不人云亦云，拥有自己的判断力。

这套书的内容是妈妈在教育我的过程中不断反思、不断完善从而提炼出来的，理所当然，我也成了这套书的第一位读者。书中的内容并不完全等同于我妈对我的教育，但她所想表达的内涵却是一致的。

从我的角度来说，妈妈教给我的知识是终身都可以受用的，也有点羡慕可以阅读到这套书的女孩们，这是检察官妈妈成为"补坑专家"之后的经验总结，你们可以通过阅读直接"避坑"了。

我相信这套书会帮助到更多即将进入或正处于青春期的女孩们，帮助大家学会在面对危险时有效保护自己，锻炼出属于自己的内在自我保护能力。

敖俪穆

2024年5月18日